麻辣诱惑

川 菜

姜珊◎编著

河北出版传媒集团

河北科学技术出版社

图书在版编目（CIP）数据

麻辣诱惑川菜 / 姜珊编著 . -- 石家庄：河北科学
技术出版社，2015.11（2023.7重印）
　　ISBN 978-7-5375-8143-1

Ⅰ．①麻… Ⅱ．①姜… Ⅲ．①川菜－菜谱 Ⅳ.
① TS972.182.71

中国版本图书馆CIP数据核字(2015)第300679号

麻辣诱惑川菜

姜珊　编著

出版发行	河北出版传媒集团　河北科学技术出版社	
地　　址	石家庄市友谊北大街 330 号　（邮编：050061）	
印　　刷	三河市南阳印刷有限公司	
经　　销	新华书店	
开　　本	710×1000　1/16	
印　　张	10	
字　　数	150 千字	
版　　次	2016 年 1 月第 1 版	
	2023 年 7 月第 2 次印刷	
定　　价	32.80 元	

前　言

　　随着时代的进步，人们对生活品质的要求越来越高，吃、穿、住、行概莫能外。日常饮食与人体的健康状况息息相关，人们已开始重视食品种类和营养的搭配。如今，食品安全问题也受到普遍关注，为了饮食健康，许多人更青睐以自己烹饪的方式来表达对家人的关爱。自己烹制美食，不仅可以维护健康，也能提升家人之间的融合度，提高家庭生活的幸福和美满指数。

　　为了让大家在烹饪时能有据可依，以便更轻松地制作出受家人欢迎的美食，同时充分享受烹饪的乐趣，我们特意编写了这套菜谱。为满足各类人群、各个年龄段对饮食的不同需求，适合个人口味偏好，本套菜谱编写范围较广，包含家常菜、小炒、私房菜、特色菜、川菜、湘菜、东北菜、火锅、主食、汤煲等，不一而足，希望能够满足各类读者对于美食的独特需求。

　　我们力求让读者一读就懂，一学就会，一做便成功。书中详尽介绍了食物制作所需的主料与配料，并对操作步骤进行了细致地讲解，同时关于操作过程中需要注意的事项也重点阐述。即便您从来没有下过厨房，也可以在菜谱的帮助下制作出美味可口的菜品。

　　在教您烹饪的基础上，我们对食材与菜品的营养成分进行了解析，以帮助您选择适合家人营养需求与口味的菜肴。希望可以让您吃得健康、吃得明白。

1

　　另外，我们为每道菜都配有精美的图片，在掌握制作方法的同时，给您带来一场视觉上饕餮盛宴。看着令人垂涎欲滴的图片，想必您一定能胃口大开，在享受美食的同时，体会到烹饪带给您的巨大乐趣。

　　美味的食物不仅可以给您带来味蕾上的满足感，更重要的是每一种食物都蕴藏着养生的智慧。希望在您享受美食的过程中，您的体质与生活质量都能得到更好的改变。

　　在这套菜谱的编写过程中，我们请教了烹饪大师、营养师等相关人士，他们给予了我们极大的帮助，在此表示深深的谢意。然而，我们的水平有限，书中难免出现疏漏之处，敬请读者指正。在此一并表示感谢！

目录
CONTENTS

Chapter 1
川菜文化 ———————————————— 1

Chapter 2
美味豆蔬 ———————————————— 5

Chapter 3
浓香肉菜 33

Chapter 6
营养小吃 ⋯⋯⋯⋯⋯⋯⋯ 135

川菜是我国八大菜系之一，在我国烹饪史上占有重要地位。川菜有"七滋八味"之说，有"一菜一格，百菜百味"之美誉。川菜在制作方法上因选料精细、烹饪严格、品种丰富而受到人们的喜爱。川菜已经享誉全国并走出了国门，成为外国人餐桌上的美味佳肴。在众多的菜系门店中，川菜所占比例是最多的，从全国餐馆营业额统计看，川菜的影响力居榜首。川菜已经成为中华民族饮食文化与文明史上一颗耀眼夺目的明珠。

川菜的发展历程

川菜历史悠久，源远流长。川菜的历史可追溯到秦汉时期，西汉扬雄所作的《蜀都赋》侧面反映了古典四川菜及其饮食基调。到了东汉末期，古典巴蜀菜开始逐渐形成自己的特色；魏晋时期，古典巴蜀菜和其他菜系产生了分界。

隋唐五代时期，中原世祖、文人的迁入进一步促进了巴蜀经济文化的发展，这一时期，巴蜀菜也开始呈现出繁荣的景象。到两宋时期，川菜发展成为独立的菜系，并逐渐向巴蜀之外传播，发展成为一个全国有影响力的菜系。

元明清时期，长期纷乱的战争，致使四川人口锐减，经济和文化惨遭摧残，导致南宋以前繁荣一时的四川亚文化遭受到沉重的一击，巴蜀地区的烹饪文化在全国的影响力和地位一落千丈。明末时期辣椒的引入，在一定程度上促进了自巴蜀时期就形成的"尚滋味""好辛香"的饮食习俗的发展。

晚清后期，四川没有长期遭受到战乱和资本主义的冲击，再加上当时清政府的重视，这一时期的四川文化开始起飞，现代川菜文化开始出现，抗日战争前期已经基本定型。

川菜的菜系

　　自贡为主的盐帮川菜、重庆为主的渝派川菜以及成都为主的蓉派川菜共同构成了四川菜系。通常认为，重庆渝派川菜比较接近新式川菜，而成都蓉派川菜则为传统官家川菜。在川菜餐馆中，菜品的口味以蓉派川菜和渝派川菜为主，现在，盐帮川菜也开始突起，并越来越受到人们的喜爱。

川菜的特点

　　川菜的原料以山珍、江鲜、野蔬和畜禽为主。川菜的主要特色是麻、辣、香、鲜，向来有活"色"生"香"的"味"觉体验说法。　川菜菜式主要有家常风味菜式、大众便餐菜式、普通宴会菜式、高级宴会菜式。这些不同类型的菜式既有各自的特色，彼此间又相互渗透、融合，共同构成了川菜菜式，并向四川以外的地区广泛传播，在各个阶层都具有很强的适应性。川菜的特点表现为取材广泛、调味多变、菜式适应力强。此外，川菜强调麻、辣、鲜、香、油大和味厚，调味方法和烹饪方法多种多样，形成了色香味俱全的特殊风味。

川菜烹调要求

　　品种丰富、多滋多味的川菜，在烹调方法上也独具特色。

　　一是选料认真。川菜对原料的选择非常严格，遵循"量材使用，物尽其能"的原则，一方面要保证质量，另一方面要注意勤俭。原料要求活鲜，并讲求时令。选料不仅包括菜肴原料的选择，还包括调料的选用。大部分川菜比较重视辣椒的选择，比如，麻辣、家常味型的菜肴，一定要用四川的郫县豆瓣酱；烹制鱼香味型菜肴，则要用川味泡辣椒等。

　　二是刀工精细。川菜的制作非常讲求刀工。川菜的制作者要做到认真细致，讲求规格，依据菜肴烹调的不同需要，将原料切配成需要的形状，并要求大小一样、粗细均等、厚薄均匀。这样做既可以避免菜肴出现生熟不齐、老嫩不一的现象，又利于调味。此外，给人营造一种整齐美观的视觉享受。比如，水煮牛肉，它的特点是细嫩，如果刀切的肉片粗细、厚薄不均，烹制时就会火候难辨、生熟难分。

　　三是搭配公道。川菜的烹制比较讲求原料的公道搭配，突显出其风味特点。川菜原料有独用、配用之分，讲求荤素、浓淡的合理搭配。味浓的独用，不适宜搭配；淡的配淡，浓的配浓，或是浓淡相结合，但均不使夺味；荤素要合理搭配，避免混淆。这就要做到在选好主原料的基础上，还要做好辅料的搭配，力求菜肴滋味调和丰富多彩、色调调和美观鲜明、原料配合主次分明，使菜肴不仅具有色香味并具有食用价值，且更富有营养价值与艺术欣赏价值。

Chapter 2

美味豆蔬

丝瓜

挑选与储存〉

　　选购丝瓜应选择鲜嫩、结实和光亮以及皮色为嫩绿或淡绿色者，果肉顶端比较饱满，无臃肿感。若皮色枯黄或瓜皮干皱抑或瓜体肿大且局部有斑点和凹陷，则该瓜过熟而不能食用。

性味〉性凉，味甘。

营养成分〉

　　丝瓜富含多种营养元素，包括蛋白质、脂肪、糖类以及钙、磷、铁、钾、B族维生素、维生素C等微量元素，而且还含有皂苷类物质、丝瓜苦味质、木胶、瓜氨酸与黏液质等元素。

食疗功效

　　1. 丝瓜中维生素C含量较高，可用于抗坏血病及预防各种维生素C缺乏症。

　　2. 丝瓜中B族维生素含量高，有利于小儿大脑发育及中老年人大脑健康；丝瓜藤茎的汁液具有保持皮肤弹性的特殊功能，能美容去皱。

适宜人群

　　一般人群均可食用，尤其是月经不调者、产后乳汁不通者以及疲乏、咳嗽痰喘者尤为适用。而阳虚体质的人应忌食或少食。

辣味
丝瓜

主 料 丝瓜1根

配 料 红辣椒2个，
精盐3克，味
精2克，料酒
10克，猪油40
克，大葱5克，
姜3克，高汤
少许

·操作步骤·

① 将丝瓜洗净，切薄片。

② 红辣椒去蒂、去籽，洗净，切成菱形片；
大葱切段；姜切丝。

③ 锅放旺火上，倒入猪油烧热，将大葱段、
姜丝、红辣椒片放在一起炝锅，炸出香味，
下入丝瓜片翻炒片刻，放入精盐、料酒、
味精和高汤少许，将菜翻炒均匀，出锅
盛盘食用。

·营养贴士· 丝瓜能除热利肠，主治热毒
痘疮。

·操作要领· 如果不喜欢丝瓜的瓤，也可
以在切片之前先将瓤去掉。

鱼香丝瓜
粉丝

主料 丝瓜2个，粉
丝适量

配料 木耳、辣椒酱、
蒜、白糖、醋、
酱油、姜、植物
油、高汤各适量

·操作步骤·

① 粉丝用热水泡软后捞出，控干水分；丝
瓜洗净切块；蒜、姜切末；木耳泡发洗
净撕小朵。

② 用酱油、醋、白糖调匀做成鱼香汁。

③ 锅烧热后倒入植物油，先放入姜末、蒜
末炒香，然后倒入辣椒酱，炒出香味后，
再倒入高汤、丝瓜块，炒至断生时放入
粉丝、木耳炒匀。

④ 倒入事先调好的鱼香汁，大火煮至收汁
即可。

·营养贴士· 丝瓜所含各类营养物质在瓜
类食物中较高，其中皂苷类
物质、丝瓜苦味质、黏液质、
木胶、瓜氨酸、木聚糖和干
扰素等特殊物质对人体有一
定益处。

·操作要领· 泡粉丝时，用开水泡10分
钟即可。

豆腐

挑选与储存

以内无水纹、无杂质、晶白细嫩的豆腐为上品。内有水纹、有气泡、有细微颗粒、颜色微黄的为劣质豆腐。

性味 性寒，味甘、咸，无毒。

营养成分

豆腐营养极其丰富，含有大量蛋白质，能够为人体提供必需氨基酸；豆腐还含有维生素、铁、铜、磷、镁、钙、锌等矿物质以及异黄酮、皂苷等植物化学物质。

食疗功效

1.吃冻豆腐有助减肥，新鲜的豆腐经过冷冻之后，会产生一种酸性物质，这种酸性物质能够破坏人体内积存的脂肪，达到减肥的目的。

2.吃发酵后的豆腐能预防大脑老化。

适宜人群

一般人群均可食用。尤其适用于老人、孕产妇以及生长发育期的儿童。同时，豆腐还适用于更年期、病后调养以及肥胖、过度用脑等人群，但由于豆腐属于高蛋白食品，人体缺少消化酶则容易腹泻，所以不适用于肠胃不佳者，而且豆腐内含嘌呤较多，所以痛风患者不宜多食。

牛肉粒拌豆腐

主料 嫩豆腐1块，牛肉100克

配料 剁椒、豆豉酱各15克，美极鲜酱油
20克，植物油、食盐、鸡精、蒜末、
姜末、葱花、花椒粉、料酒各适量

·操作步骤·

① 嫩豆腐切成薄片，整齐地铺在盘底；牛
肉洗净切粒，用食盐、料酒腌渍片刻。

② 锅中加入植物油，烧热后下牛肉粒炒熟，
盛出晾凉，放入剁细的剁椒、豆豉酱以
及剩余的配料调匀，淋在豆腐上即可。

营养贴士 嫩豆腐的特点是质地细嫩，富有
弹性，含水量大，一般含水量为
85%~90%。

煎炒豆腐

主料 豆腐500克

配料 干辣椒、姜、蒜、香菜各少许，精盐、
植物油各适量

·操作步骤·

① 豆腐洗净，切成大小均匀的长条形；姜、
蒜切末；干辣椒切丝；香菜切段。

② 锅中倒植物油烧热，将豆腐一块一块放
进去，煎至四面金黄时捞出，放在盘里
待用。

③ 将锅洗净后倒植物油烧热，放入姜末、
蒜末、干辣椒爆香，然后放入香菜段和
煎好的豆腐一起翻炒2~3分钟，加入精
盐调味，出锅即可。

营养贴士 豆腐含有丰富的植物蛋白，有生
津润燥、清热解毒的功效。

剁椒红白豆腐

主 料 韧豆腐、鸭血各 200 克

配 料 剁椒 50 克，豆豉酱 15 克，蒜末、姜末各 15 克，料酒、白糖、生抽各 10 克，鸡精 3 克，食盐、香菜各少许

·操作步骤·

① 豆腐、鸭血切片，平行摆放于碟内，放入蒸锅中蒸熟，取出晾凉。

② 剁椒剁细，与剩余配料拌匀，平铺于晾凉的豆腐上，腌制片刻，待入味后即可食用。

·营养贴士· 豆腐含丰富的蛋白质，经胃肠的消化吸收形成各种氨基酸，是合成毛发角蛋白的必需成分。

·操作要领· 韧豆腐，比较滑，成型性好，但也可用北豆腐。此外，剁椒本身就比较咸，不要再放太多盐。

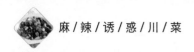

秘制豆干

主料 ▶ 白豆腐干 500 克

配料 ▶ 红椒、香芹各 50 克，料酒、
生抽、白糖各 30 克，葱段、
蒜片、姜片、干辣椒各 15 克，
大料 2 粒，桂皮、香叶、丁
香少许，食盐 5 克，鸡精 3 克，
植物油适量

·操作步骤·

① 白豆腐干切成 4 厘米左右的方形片；香
芹洗净切段；红椒洗净切片。

② 平底锅中加少量植物油，将切好的豆
腐干煎一下。

③ 锅中留少许底油，油热后加入葱段、蒜片、
姜片、干辣椒、大料、桂皮、香叶、丁
香炒出香味，再调入料酒、生抽、白糖、
鸡精。

④ 放入适量清水、煎好的豆腐干，盖上盖，

中火焖煮，直至汤汁将要收干时，加入
香芹、红椒，略翻炒一下出锅，晾凉后
摆盘即可。

·营养贴士· 豆腐干既香又鲜，有"素火腿"
的美誉。

·操作要领· 煎豆腐干的时间长短可根据
自己的口味决定，喜欢有
嚼劲的就多煎一会儿。

茄子

挑选与储存〉

　　挑选茄子时要察看茄子的"眼睛"的大小。茄子的"眼睛"，就是茄子的萼片和果实连接处白色略带淡绿色的带状环，带状环越大，表示茄子越嫩，越好吃。

性味〉性凉，味甘。

营养成分〉

　　茄子含有蛋白质、脂肪、糖类、维生素以及钙、磷、铁、钾等微量元素，其中维生素 P 含量非常丰富。不仅如此，茄子还含有胆碱、水苏碱、龙葵碱等生物碱。

食疗功效

　　1.茄子含有龙葵碱，能抑制消化系统肿瘤的增殖，对于防治胃癌有一定的功效。

　　2.茄子含有维生素 E，有防止出血和抗衰老的功效，常吃茄子可使血液中胆固醇的水平保持稳定，对延缓人体衰老具有积极的作用。

　　3.茄子富含蛋白质、脂肪、糖类、维生素以及多种矿物质，特别是维生素 P 的含量极其丰富，可以增强毛细血管壁，防止淤伤。

适宜人群

　　一般人群均可食用，尤其是易长痱子或疮疖的人，但由于茄子性凉，所以脾胃虚寒、体弱便溏者尽量不要多食。

鱼香茄子

主 料 茄子500克

配 料 瘦肉100克，青椒、红椒各50克，白糖5克，郫县豆瓣酱10克，精盐3克，麻油少许，生抽、老抽、蚝油、醋、姜末、葱末、蒜末、植物油、干淀粉各适量

·操作步骤·

① 茄子洗净，横切成两半后切成竖条，放入盐水中浸泡10分钟，捞出沥干水分，撒一些干淀粉拌匀；青椒、红椒洗净切条。

② 精盐、干淀粉、生抽、老抽、蚝油、醋、白糖、麻油加适量水调成汁备用。

③ 炒锅内加植物油烧热，放入茄子条，炸至酥软捞出沥油，锅中留底油，烧热后放入姜末、葱末、蒜末爆香后，放入瘦肉炒至断生，加郫县豆瓣酱和青椒条、红椒条翻炒，放入炸好的茄子条同炒，最后倒入事先调好的调味汁翻炒均匀即可。

·营养贴士· 常吃茄子，可使血液中胆固醇含量不致增高，对延缓人体衰老具有特殊的功效。

·操作要领· 因为豆瓣酱有盐，所以加盐时要注意用量。

豆角**炒茄子**

主 料 豆角 150 克，茄子 1 个

配 料 剁椒 15 克，酱油、蒜碎、盐、植物油各适量

·操作步骤·

① 豆角去筋洗净，切段；茄子洗净切细条；锅烧热倒植物油，先下豆角丝炒至稍变色，倒入酱油，再加些水，煮约 3 分钟。

② 倒入茄子条，放盐，炒至茄子软，倒入剁椒再略为翻炒，最后撒上一些蒜碎即可。

·营养贴士· 茄子属于寒凉性质的食物，夏天食用有助于清热解暑，对于容易长痱子、生疮疖的人尤为适宜。

·操作要领· 茄子皮营养丰富，最好不要去皮。

烧茄子

主料 茄子1个，红辣椒2个

配料 干淀粉、蒜、食用油、食盐、味精各适量

准备所需主材料。

将茄子切成粗条；红辣椒切成辣椒圈；蒜切成蒜末。

锅内倒入食用油，烧热后将茄子条裹满干淀粉，放入热油锅内炸至呈金黄色，捞出控油。

锅内留少许底油，放入蒜末、红辣椒、茄子条翻炒，至熟后放入食盐、味精调味即可。

操作步骤

烹饪心得

营养贴士： 茄子含有蛋白质、脂肪、糖类、维生素以及钙、磷、铁等多种营养成分，特别是维生素P的含量很高。

操作要领： 茄子在炸制时，采用大火快炸才能使外表变得金黄。

五彩茄子

主料 茄子1个，猪肉100克，红辣椒1个

配料 大酱、葱花、蒜末、韭菜末、酱油、熟油、食盐、味精各适量

准备所需主料。

将茄子去皮，切成长条状；将红辣椒切成末；将肉切丝。

将食盐和味精放入熟油内，淋在茄子上。

将大酱铺在盘底，放入茄子，将葱花、蒜末、韭菜末、肉丝、辣椒末，均匀地撒在茄子上，然后上锅蒸熟即可。

操作步骤

烹饪心得

营养贴士：茄子的营养丰富，含有蛋白质、脂肪、糖类、维生素以及钙、磷、铁等多种营养成分。

操作要领：上锅蒸15分钟即可。

土豆

挑选与储存 〉

挑土豆应选光滑圆润的，不要畸形，而且颜色均匀，不要有绿色的，勿选长出嫩芽的，因长芽的地方含有毒素，而肉色变成深灰或有黑斑的，多是冻伤或腐烂，均不宜进食。存放一般温度需要保持在5℃左右。

性味 〉 性平，味甘。

营养成分 〉

土豆富含淀粉、蛋白质、膳食纤维、维生素等营养物质以及钙、磷、铁、钾、锌等微量元素，脂肪含量很低，所以是一种减肥佳品。

食疗功效

1. 土豆含有大量淀粉以及蛋白质、B族维生素、维生素C等，能促进脾胃的消化功能。

2. 土豆含有大量膳食纤维，能宽肠通便，防止便秘，帮助机体及时排出代谢的毒素，预防肠道疾病的发生。

3. 土豆能供给人体大量有特殊保护作用的黏液蛋白。能维持消化道、呼吸道以及关节腔、浆膜腔的润滑，预防心血管系统的脂肪沉积，保持血管的弹性，有利于预防动脉粥样硬化的发生。

4. 土豆所含的钾能取代体内的钠，同时能将钠排出体外，有助于高血压和肾炎水肿患者的康复。

适宜人群

一般人均可食用。尤其适合脾胃气虚者、动脉硬化患者以及想要减肥的人群。

麻辣烫

主 料 青菜 3 棵，油豆腐、土豆、米粉各 50 克，鱼丸、豆腐皮各 30 克

配 料 麻辣烫底料 1 包，辣椒油适量，香菜少许

·操作步骤·

① 青菜、香菜洗净；土豆洗净切片；豆腐皮洗净切条；油豆腐切块。

② 锅中放入清水、麻辣烫底料烧开，将青菜、土豆、豆腐皮、油豆腐、米粉、鱼丸放入锅中煮 5 分钟左右捞出盛入汤碗。

③ 倒入辣椒油，将香菜点缀其上即成。

·营养贴士· 麻辣烫通常有多种绿叶蔬菜和多种豆制品原料，只要合理搭配，它比一般的快餐菜肴更容易达到酸碱平衡的要求，也符合食物多样化的原则。

干锅土豆片

主 料 土豆 300 克，肉 200 克

配 料 杭椒、红椒各 1 个，郫县豆瓣酱 10 克，鸡精 5 克，葱花、油各适量

·操作步骤·

① 土豆去皮切片，过凉水，控干；锅中放入比平时炒菜多一倍的油，油微热煎土豆片至两面金黄。

② 杭椒洗净切条；红椒洗净切圈；肉切片。

③ 用刚才煎土豆片剩下的油炒肉片、红椒圈、杭椒条，倒入郫县豆瓣酱翻炒出红油，加入 2 汤勺水，放入鸡精，下入土豆片，翻炒至没有水分，即可倒在干锅中，撒上葱花即可。

·营养贴士· 土豆含有大量淀粉以及蛋白质、B 族维生素、维生素 C 等，能促进脾胃的消化功能。

小土豆焖香菇

主料 新小土豆、干香菇各适量

配料 牛肉酱、小米椒、蒜末、香菜段、盐、油各适量

·操作步骤·

① 将干香菇泡发；小土豆削皮，一切两半；小米椒切段。

② 锅烧热，倒油，煸香小米椒、蒜末、牛肉酱，倒入土豆煸炒一会儿，再倒入香菇炒一会儿。

③ 加少量水，加适量盐，水开后转小火焖8分钟，大火收汁，撒香菜段出锅。

·营养贴士· 此菜具有降血脂、抗衰老、防癌、降胆固醇、降压的功效。

·操作要领· 如果没有牛肉酱，可用其他酱料代替。

白菜

挑选与储存〉

挑选包心的大白菜时，以顶部包心紧、分量重、底部突出、根部切口大的为好。

性味〉性平，味甘，无毒。

营养成分〉

白菜营养丰富，含有糖类、脂肪、蛋白质、膳食纤维以及钙、磷、铁、锌、硫胺素、核黄素、烟酸等营养元素，而且维生素 C、维生素 E 的含量也极为丰富。

食疗功效

1.白菜中维生素 C 的含量比较高，对防治坏血病和增强身体的抗病能力非常有效。

2.白菜中微量元素锌的含量不仅在蔬菜中是非常高的，而且与肉和蛋类相比也是很高的。经常补充锌，能够促进幼儿的成长发育，因此人们称锌为"幼儿的生长素"。此外，锌能促进外伤愈合，还可以抗癌、抗心血管病、抗糖尿病及抗衰老。

适宜人群

一般人均可食用，尤其是患有肺热咳嗽、便秘、咽喉发炎的人以及女性朋友，但由于白菜性偏寒凉，所以胃寒腹痛、便溏寒痢者尽量不要多食。

干锅辣肉白菜帮

主料 腊肉 200 克，白菜帮 300 克

配料 杭椒 30 克，姜、蒜、精盐、生抽、糖、植物油、剁椒各适量

· 操作步骤 ·

① 白菜帮洗净切粗丝；腊肉切片；姜、蒜剁碎；杭椒切小段。

② 锅中倒植物油大火加热，待油五成热时，放入剁椒、姜末、蒜末，炒出辣香味后，放入杭椒和腊肉，煸炒一小会儿，待腊肉的肥肉部分变透明时，倒入白菜帮炒 2 分钟。

③ 待白菜帮略微变软时，调入精盐、生抽和糖，搅拌均匀后，翻炒几下，即可关火出锅。

营养贴士 白菜帮含有丰富的营养，多食对身体大有裨益。

辣白菜卷

主料 圆白菜 500 克

配料 干辣椒 50 克，花生油 15 克，精盐 5 克，味精、花椒、青辣椒、红辣椒各少许

· 操作步骤 ·

① 将圆白菜叶一片一片从根部整个掰下，洗净控干水分；干辣椒切成小节；红辣椒、青辣椒切丝备用。

② 将花生油烧热，将干辣椒、花椒一同下锅，炸出香味后，把圆白菜下锅煸炒，将味精、精盐放入稍炒。

③ 待菜叶稍软，倒在碟中，晾凉，用手将菜叶卷成卷，码放在盘子上，用青辣椒丝、红辣椒丝点缀即可。

营养贴士 圆白菜可以清热除烦、行气祛瘀、消肿散结、通利胃肠。主治肺热咳嗽、身热、口渴、胸闷、心烦、食少、便秘、腹胀等病症。

剁椒**娃娃菜**

主 料 娃娃菜 500 克

配 料 剁椒、蒜、植物油各适量

·操作步骤·

① 娃娃菜洗净，叶片掰散，过长的可切成
两截；蒜切末。

② 锅烧热，倒入植物油，烧热后，倒入蒜末
爆香，再倒入娃娃菜和剁椒一起快速翻炒
2 分钟，关火装盘即可。

·营养贴士· 中医认为娃娃菜性微寒，无毒，
经常食用具有养胃生津、除烦
解渴、利尿通便、清热解毒的
功效。

干锅**手撕包菜**

主 料 包菜 500 克

配 料 洋葱 100 克，姜、蒜各 20 克，干
辣椒 15 克，精盐、鸡精、酱油、
猪油各适量

·操作步骤·

① 包菜用手撕成大小均匀的片后，洗净待
用；洋葱、姜切片；干辣椒切段；蒜切片。

② 锅烧热放入猪油，待猪油溶化后放入姜
片、蒜片、干辣椒段煸炒出香味，放入
包菜片煸炒 10 分钟左右，加精盐、鸡精、
酱油煸炒 1 分钟，关火。

③ 准备一个酒精锅，将切好的洋葱放在锅
底，然后将炒好的包菜倒在洋葱上，最
后点上火，边热边吃即可。

·营养贴士· 包菜具有补骨髓、润脏腑、益心
力、壮筋骨、利脏器、祛结气、
清热止痛等功效。

大豆

挑选与储存 〉

　　在挑选大豆时，要选择鲜艳有光泽的；颗粒饱满且整齐均匀，无破瓣，无缺损，无霉变，无挂丝；用牙轻轻一咬豆粒，声音清脆成碎粒表明大豆干燥；若声音不脆则表明大豆潮湿。大豆置于阴凉干燥处密封保存即可。

性味 〉性平，味甘。

营养成分 〉

　　大豆含有丰富的蛋白质、脂肪以及膳食纤维，其中蛋白质的氨基酸非常利于人体吸收，其脂肪多为不饱和脂肪酸，能够降低胆固醇。除此之外，大豆还含有钾、钠、钙、磷、铁等微量元素和丰富的维生素、卵磷脂和大豆异黄酮。

食疗功效

　　1.大豆中含有多种矿物质，能够为人体补充钙质，防止因缺钙引起的骨质疏松，促进骨骼发育，对小孩儿、老人的骨骼生长极为有利。

　　2.大豆含有多种人体必需的氨基酸，对人体组织细胞起到重要的营养作用，可以提高人体免疫功能。

　　3.大豆中的卵磷脂还具有防止肝脏内积存过多脂肪的作用，从而有效地防治因肥胖而引起的脂肪肝。

　　4.大豆异黄酮对乳腺癌、前列腺癌及其他一些癌症具有显著的防治效果。

适宜人群

大豆适合更年期女性、糖尿病患者、心血管病患者以及脑力劳动者食用。

黄豆拌雪里蕻

主 料 腌好的雪里蕻 300 克，
黄豆 150 克

配 料 食用油 70 克，干红辣椒、
香油、味精、精盐各适
量

·操作步骤·

① 将腌好的雪里蕻切成黄豆粒大小的丁，
用开水烫过，投凉备用。

② 黄豆开水煮熟备用。

③ 锅中倒入食用油加热，放入干红辣椒炸
香，倒入黄豆、雪里蕻，加入精盐、味精、
香油拌匀即可。

·营养贴士· 此菜有清凉去火、健胃消食
的功效。

·操作要领· 腌好的雪里蕻里面含有盐
分，所以此菜的精盐应酌
量添加。

鱼香青豆

主料 青豆 500 克

配料 辣椒酱、蒜、葱、白糖、醋、酱油、
姜、精盐、植物油、高汤各适量

操作步骤

① 将青豆淘洗干净；蒜、姜切末；葱切花。

② 用酱油、醋、白糖调成鱼香汁。

③ 锅烧热后倒入植物油，放入青豆炸熟，
   捞出控油，锅中留底油，放入蒜末、姜末、
   葱花炒香。

④ 倒入辣椒酱，炒出香味后，倒入 2 勺水
   或高汤，倒入炸好的青豆炒匀，加精盐
   调味。

⑤ 再倒入事先调好的鱼香汁，大火煮至收
   汁即可。

营养贴士 青豆性寒，味甘，有清热解毒、
消暑、利尿、祛痘的作用。

操作要领 青豆放的时间长了，可能会
生虫，所以一定要淘洗干
净。

荷兰豆

挑选与储存〉

　　荷兰豆有宽荚和窄荚之分。宽荚的荷兰豆荚色呈淡绿色，味道较淡，所以不太鲜美；窄荚的荷兰豆相比味道会更好一些。荚色较深的荷兰豆通常味道也比较浓。

性味〉性平，味甘。

营养成分〉

　　荷兰豆含有丰富的蛋白质、糖类、粗纤维以及钙、磷、铁、胡萝卜素、维生素A、维生素C，而且还含有赖氨酸、蛋氨酸、植物凝集素等营养成分。

食疗功效

　　1.荷兰豆具有抗菌消炎、增强新陈代谢的功效。

　　2.荷兰豆能够促进胃肠蠕动，防止便秘，益脾和胃，生津止渴，起到清肠利尿的作用。

　　3.荷兰豆能够防止人体致癌物质的合成，从而减少癌细胞的合成，对癌症的发生有一定的预防作用。

　　4.荷兰豆能够提高机体的抗病能力和康复能力。

适宜人群

　　一般人群均可食用，尤其适用于脾胃虚弱、小腹胀满、呕吐腹泻、烦热口渴以及产后乳汁不通的患者。

椒条荷兰豆

主 料 ▶ 荷兰豆250克

配 料 ▶ 红椒1个,木耳1朵,橄榄油10克,
姜末5克,精盐适量

·操作步骤·

① 荷兰豆择洗干净,切段;红椒洗净去蒂,
切丁;木耳泡发洗净,切小片。

② 锅置火上,放入橄榄油烧热,下入姜末、
红椒炒香,然后加入荷兰豆、木耳,

翻炒2分钟,加入精盐,少许水,炒
匀即可装盘食用。

·营养贴士· 荷兰豆具有和中下气、利小
便、解疮毒等功效,能益脾
和胃、生津止渴、除呃逆、
止泻痢、解渴通乳、治便秘
的功效。

·操作要领· 红椒也可以切成丝,做法相
同。

苦瓜

挑选与储存 〉

优质苦瓜瓜型大，瓜肉比较厚，而且苦中带甘。

性味 〉 性寒，味苦。

营养成分 〉

苦瓜富含蛋白质、糖类、膳食纤维以及钾、镁、钠、磷、钙等微量元素，同时它还含有丰富的维生素 C 以及 B 族维生素。

食疗功效

1.苦瓜富含维生素 C，能够预防坏血病，保护细胞膜，提高人体的应激能力，并且还可以保护心脏。

2.苦瓜可以增进食欲，起到健脾开胃的功效。

3.苦瓜中含有的苦瓜苷与类似胰岛素的物质能够起到降血糖的作用。

4.苦瓜含有苦瓜素，能够减少人体摄进脂肪和多糖，是减肥者的理想食品。

适宜人群

一般人群均可食用。尤其适合糖尿病、癌症、痱子患者食用，但由于苦瓜性寒，脾胃虚寒者不宜食用。

麻辣苦瓜

主料▶ 苦瓜 400 克

配料▶ 干红辣椒、蒜末、香油、味精、精盐、
辣椒油各适量

·操作步骤·

① 将苦瓜洗净，去两头，剖两半，去瓤、
内膜和籽，放入沸水锅中焯一下。

② 捞出用凉水过凉，沥干水分，切片，盛盘。

③ 辣椒洗净，去蒂和籽，切丝备用。

④ 将精盐、辣椒油、味精倒入小碗中拌匀，
浇在苦瓜上，搅拌均匀，撒上辣椒丝、
蒜末，淋上香油即可。

·营养贴士· 苦瓜含有蛋白质、脂肪、钙、
磷、铁、胡萝卜素、多种
矿物质和维生素。

·操作要领· 辣椒最好选用半干类型的。

芹菜

挑选与储存

　　在挑选时要选择梗短粗壮、叶绿且稀少的。最好选择色泽鲜绿、叶柄厚、茎部稍圆、里侧内凹的芹菜。

性味 性凉，味甘、辛，无毒。

营养成分

　　芹菜富含多种营养物质，包括蛋白质、糖类、胡萝卜素、B 族维生素以及钙、磷、铁、钠等。此外，芹菜还含有食物纤维、芹菜苷等有效营养成分。

食疗功效

　　1.芹菜含有较多的黄酮类物质，能够起到降血压、降血脂以及保护心血管的功效。

　　2.芹菜含有挥发性的芳香油，能够增进食欲，帮助人体消化吸收。

　　3.芹菜中的食物纤维具有较强的清肠作用，能够帮助带走体内毒素，起到减肥美容的功效。

适宜人群

　　一般人群均可食用，但由于芹菜性凉质滑，所以脾胃虚寒者、肠滑不固者、婚育期男士应少吃。

红椒拌芹菜

主料▶ 嫩芹菜 200 克，鲜红辣椒 100 克

配料▶ 白醋 15 克，姜末 10 克，食盐 3 克，
花椒油、辣椒油、鸡精各适量

·操作步骤·

① 芹菜去叶、老梗，洗净，切成 5 厘米长
的段；鲜红辣椒洗净，去籽，切成细丝。

② 芹菜放入沸水锅中烫一下，捞出投凉，
控干水分。

③ 芹菜、红辣椒丝放入盘中，调入食盐、

鸡精、姜末、白醋、花椒油、辣椒油，
拌匀，摆盘即可。

·营养贴士· 芹菜具有较高的药用价值，
具有散热、祛风利湿、润肺
止咳、降低血压、健脑镇静
的功效。

·操作要领· 芹菜焯水时间不能太长，且
要过一下凉水，否则没有
清脆口感。

浓香肉菜

羊肉

挑选与储存

　　市场上羊肉的主要类型是绵羊肉和山羊肉。挑选的时候要注意：绵羊肉黏手；而山羊肉发散，不黏手。绵羊肉纤维细短；山羊肉纤维粗长。

性味 性温，味甘，无毒。

营养成分

　　羊肉热量与营养都极为丰富，含有丰富的糖类、蛋白质、维生素 A、B 族维生素、钾、钠、钙、磷、铁、硒、锌等营养成分。

食疗功效

　　1.羊肉营养丰富，对肺结核、气管炎、哮喘、贫血、产后气血两虚、腹部冷痛、体虚畏寒、营养不良、腰膝酸软、阳痿早泄以及一切虚寒病症均有很大裨益。

　　2.羊肉具有补肾壮阳、补虚温中等作用，适合男士经常食用。

适宜人群

　　一般人群均可食用，尤其适合体虚胃寒者，但由于羊肉性温，所以患有发热、牙疼、口舌生疮、生痰等上火症状的患者不宜食用。

腊八豆**炒羔羊肉**

主 料 腊八豆 80 克，羔羊肉 300 克

配 料 辣椒酱、葱、植物油、蒜、鸡精、精盐各适量

·操作步骤·

① 葱、蒜切末备用；羔羊肉切成小块备用。

② 锅内加植物油，放入葱、蒜爆香，倒入

羔羊肉翻炒至变色，加入腊八豆、辣椒酱翻炒均匀，放入鸡精、精盐调味，炒熟即成。

·营养贴士· 羊肉具有补气滋阴、养肝明目的功效。

·操作要领· 腊八豆本身是熟食，因此不需要提前处理。

烧**羊里脊**

主料 羊里脊肉 500 克

配料 食用油、鸡蛋清、洋葱、青椒粒、红椒粒、面粉、胡椒粉、葱末、姜末、精盐、酱油、鸡精、料酒、香油各适量

·操作步骤·

① 羊里脊肉洗净切小块，用精盐、酱油、料酒、葱末、姜末、胡椒粉、香油腌渍10 分钟；洋葱切粒。

② 锅中注入食用油烧热，将腌渍好的羊里脊肉裹一层面粉，再在鸡蛋清里蘸一下，放入锅中，炸至变色后取出控油。

③ 锅中留底油，下葱末、姜末、洋葱粒、青椒粒、红椒粒爆香，加入料酒、鸡精、精盐、胡椒粉和少许水，放入羊肉翻炒均匀，淋香油出锅即可。

·营养贴士· 羊肉具有补肾壮阳、补虚温中等作用，男士适合经常食用。

香辣**羊肉锅**

主料 羊肉 500 克

配料 红枣 2 颗，藕 1 节，香料、姜、蒜、葱花、料酒、生抽、老抽、色拉油、醋、干辣椒、郫县豆瓣酱、精盐各适量

·操作步骤·

① 羊肉放入清水中清洗至无血水后捞出，锅内放入适量的冷水，下入羊肉，加入少许醋烧开，捞出，再用清水冲去血沫，沥干待用；干辣椒切段；姜切片；蒜去皮切末；红枣洗净；藕洗净切片。

② 热锅中倒油，下入郫县豆瓣酱，炒出红油后下入羊肉、香料、干辣椒段、姜片、蒜末炒匀，加入料酒、老抽、生抽以及适量的精盐炒匀。

③ 加入热水（以浸过羊肉为宜），盖上锅盖，大火烧开后转小火焖煮约 70 分钟，下入藕片、红枣煮约 2 分钟后出锅，撒上葱花即可。

·营养贴士· 本菜具有暖中补虚、开胃健力、补中益气、助元阳等功效。

牛肉

新鲜牛肉的脂肪洁白或呈淡黄色，次品肉的脂肪缺乏光泽，变质肉脂肪呈绿色。

性味 〉 味甘，性平，无毒。

营养成分 〉

牛肉含有丰富的蛋白质、B族维生素、锌、镁、铁、钾，还含有丰富的肌氨酸、亚油酸、丙胺酸。

食疗功效

1.牛肉中的肌氨酸含量比其他食品都高，对增长肌肉、增强力量特别有效。进行训练的头几秒钟里，肌氨酸是肌肉燃料之源，可以有效补充三磷酸腺苷，使训练能坚持得更久。

2.蛋白质需求量越大，饮食中所应该增加的维生素 B_6 越多。牛肉含有丰富的维生素 B_6，能增强免疫力，促进蛋白质的新陈代谢合成，有助于紧张训练后身体的恢复。

3.鸡肉、鱼肉中肉毒碱、肌氨酸的含量低，牛肉却含量高。肉毒碱主要用于支持脂肪的新陈代谢，产生对健美运动员增长肌肉起重要作用的支链氨基酸。

适宜人群

一般人群均可食用，尤其适用于术后或病后调养、贫血、体虚、筋骨酸软等患者，由于牛肉属于热发型食物，所以肝病、肾病等患者不宜食用。

□□香牛柳

主料 牛里脊肉 250 克

配料 洋葱 50 克，青椒、红椒各 1 个，黑胡椒粉 5 克，蚝油 15 克，水淀粉 10 克，料酒、精盐、白糖、鸡精、植物油、白芝麻、黑芝麻各适量

·操作步骤·

① 牛里脊肉洗净，用刀背拍松，切厚片，放入装有料酒、植物油及水淀粉的碗中，拌匀后腌 15 分钟。

② 洋葱洗净切丝；青椒、红椒洗净，去蒂及籽，均切成大小相仿的丝。

③ 锅中倒油烧热，放入牛柳，炒至七成熟，加入黑胡椒粉、蚝油、白糖、精盐、鸡精、白芝麻、黑芝麻炒匀，放入洋葱丝和青椒丝、红椒丝，翻炒至熟装盘即可。

·营养贴士· 此菜具有增长肌肉、增强力量等功效。

夫妻肺片

主料 牛肉、牛舌、牛头皮各 100 克，牛心 150 克，牛肚 200 克

配料 香料包（八角、山柰、小茴香、草果、桂皮、丁香、生姜）1 个，精盐、红油辣椒、花椒、芝麻、熟花生米、豆油、味精、芹菜各适量

·操作步骤·

① 将牛肉切成块，与牛杂（牛舌、牛心、牛头皮、牛肚）一起漂洗干净，用香料包、精盐、花椒卤制，先用猛火烧开再转小火，卤制到肉料熟而不烂，捞起晾凉，切成大薄片，卤汁留着备用。

② 将芹菜洗净，切成半厘米长的段，焯熟，芝麻炒熟，熟花生米压碎备用。

③ 盘中放入切好的牛肉、牛杂，加入卤汁、味精、红油辣椒、熟芝麻、花生米碎末和芹菜段，再用豆油炸好花椒，浇在牛肉、牛杂上，拌匀即可。

·营养贴士· 此菜具有温补脾胃、补血温经、补肝明目、促进人体生长发育等功效。

麻辣牛肉片

主料 ▶ 牛肉 500 克

配料 ▶ 辣椒油、白糖、酱油、味精、花椒
粉、精盐、白芝麻各适量

·操作步骤·

① 牛肉洗净，在开水锅内煮熟，捞起晾凉
后切成片。

② 将牛肉片盛入碗内，先下精盐搅拌，使
之入味，接着放辣椒油、白糖、酱油、
味精、花椒粉再拌，最后撒上白芝麻，
拌匀盛入盘内即成。

·营养贴士· 牛肉在寒冬时食用有暖胃作
用，为寒冬补益佳品。

·操作要领· 也可用花生来代替芝麻，
只是要将花生先炸熟再碾
碎。

虎皮杭椒**浸肥牛**

主 料 肥牛、杭椒各 300 克

配 料 金针菇、豆腐皮各 50 克，葱、姜、蒜各 20 克，红辣椒少许，生抽、精盐、鸡精、植物油各适量

·操作步骤·

① 杭椒洗净、去蒂；肥牛洗净、切片；金针菇撕成一条一条的；豆腐皮切成条；葱、姜、蒜切成末；红辣椒切丝，焯水。

② 锅中倒油烧热，将杭椒一个一个放进去，煎至微黄变软时捞出，控油摆在盘底。

③ 另起锅倒油烧热，放入葱末、姜末、蒜末炒香，加入肥牛，炒至八成熟时加入金针菇、豆腐皮一起炒，加入精盐、鸡精、生抽，加适量清水焖一会儿出锅，倒入放杭椒的盘子里，放上焯过水的红椒丝即可。

·营养贴士· 杭椒既是美味佳肴的好佐料，又是一种温中散寒、提振食欲的食疗佳品。

牛肉丝**拌芹菜**

主 料 熟牛肉 200 克，芹菜 100 克

配 料 红辣椒 10 克，精盐、香油、醋、生抽各适量

·操作步骤·

① 将芹菜清洗干净，切成段备用；熟牛肉切丝备用；红辣椒切成细长条备用。

② 芹菜段放入开水中焯一下，捞出，沥干水分，放入盘中，撒上精盐、生抽、香油、醋调味，然后加入红辣椒、牛肉丝拌匀即成。

·营养贴士· 牛肉可以暖胃，起到温补作用。

金针菇汆肥牛

主料 金针菇 200 克，肥牛 300 克

配料 食用油 20 克，料酒 10 克，酱油 5 克，胡椒粉 5 克，辣椒酱、干辣椒、葱花、姜末各适量

·操作步骤·

① 金针菇去尾，入锅用沸水汆烫一下，捞出挤干水分备用；肥牛切片，入沸水中汆烫以去除血沫；干辣椒切末。

② 锅中放适量食用油，下干辣椒，出香味后放入葱花、姜末爆香，烹入料酒、酱油、胡椒粉、辣椒酱，冲适量开水煮几分钟后，制成辣汤汁备用。

③ 将焯烫后的金针菇、肥牛过水放入辣汤中略煮，即可出锅。

·营养贴士· 此菜具有降压、降胆固醇的功效。

·操作要领· 做辣汤汁时也可以加少量糖，可以提鲜。

麻辣牛肉丝

主 料 鲜牛肉 2500 克

配 料 干辣椒面、花椒、姜末、
葱段、酱油、花椒面、精
盐、白糖、料酒、红油辣
椒、熟白芝麻、味精、香
油、花生油、清汤各适量

·操作步骤·

① 牛肉去筋，切块，放入清水锅内烧开，
打尽浮沫，加入少许姜末、葱段、整花椒，
微火煮断生捞起，晾凉后切成粗丝。

② 锅内倒入花生油烧至六成热，放入牛肉
丝，炸干水分，盛出。

③ 锅内留余油，下干辣椒面、姜末，微火
炒出红色后加清汤，放入牛肉丝（汤要
淹过肉丝），加精盐、酱油、白糖、料酒，
烧开后移至微火慢煨。

④ 不停翻炒至汤干汁浓时加味精、红油辣
椒、香油，调匀，起锅装入托盘内，撒
花椒面、熟白芝麻，拌匀即成。

·营养贴士· 本菜具有化痰息风、止渴、止
涎等功效。

·操作要领· 牛肉晾凉后切丝时，应注意
把附在牛肉上的筋丝剔除，
否则影响成菜的质量。

兔肉

挑选与储存

新鲜的兔肉肌肉有光泽，红色均匀，脂肪为淡黄色；肌肉外表微干或微湿润，不黏手；肌肉有弹性，用手指压肌肉后的凹陷会立即恢复。

性味 性凉，味甘。

营养成分

兔肉含有丰富的蛋白质、维生素，且脂肪含量较低，对减肥美容十分有帮助。兔肉还含有赖氨酸、色氨酸、卵磷脂等营养元素。

食疗功效

1.兔肉富含大脑和其他器官发育不可缺少的卵磷脂，有健脑益智的功效。

2.经常食用可保护血管壁，阻止血栓形成，对高血压、冠心病、糖尿病患者有益处。

3.常食兔肉可以防止有害物质沉积，让儿童健康成长，助老人延年益寿。

4.兔肉中所含的脂肪和胆固醇，低于所有其他肉类，而且脂肪又多为不饱和脂肪酸，常吃兔肉，可强身健体，但不会增肥，是肥胖患者理想的肉食，女性食之，可保持身材苗条。

适宜人群

一般人群均可食用，尤其适合肥胖者、糖尿病患者、心血管病患者，但由于兔肉性凉，处于孕期或经期的女性朋友以及脾胃虚寒者不宜食用。

酸辣兔肉丁

主料 兔肉 500 克

配料 红辣椒 3 个，水发香菇、
葱、姜、蒜、花椒、醋、
辣椒油、精盐、植物油各
适量

·操作步骤·

① 兔肉切丁；红辣椒切段；水发香菇切块；
葱切花；姜、蒜切末。

② 锅中倒植物油烧热，放入葱花、姜末、
蒜末、花椒爆香，放入兔肉丁翻炒，放
入红辣椒段、水发香菇块翻炒至辣椒变
软，加入醋、辣椒油翻炒至入味后，加
少许水焖一小会儿。

③ 打开锅盖，大火收汁，加入精盐调味后
盛盘即可。

·营养贴士· 兔肉主治阴液不足、烦渴多饮、
大便秘结、形体消瘦、脾胃
虚弱、食少纳呆、神疲乏力、
面色少华等症。

·操作要领· 如果觉得太辣，可以少放一
点辣椒油。

宫廷**兔肉**

主料▶ 兔肉 500 克

配料▶ 红油 10 克，料酒 25 克，白糖 10 克，辣椒酱、豆瓣酱各 20 克，蒜泥 30 克，高汤、精盐、植物油、花椒、味精各适量，葱、姜少许

·操作步骤·

① 兔肉用刀切成小方丁，入沸水锅里焯水，用冷水漂洗干净；姜洗净切片；葱切花。

② 锅内放少许植物油，下蒜泥和红油、花椒煸香，再下入兔肉，煸炒出香味，下入其他调料，放入高汤，加上盖焖大约 15 分钟，把水分烧干，起锅装盘，撒上葱花即可。

·营养贴士· 本菜具有滋阴养颜、补中益气、生津止渴等功效，可长期食用，且不会引起发胖，是肥胖者的理想食品。

·操作要领· 兔肉不要切得太大，1 厘米左右最好。

麻辣 干锅兔

主料▶ 兔肉500克，土豆、洋葱、香菇、青椒各1个

配料▶ 青蒜叶、干辣椒段、花椒、麻椒、豆瓣酱、葱花、食用油、食盐、味精各适量

准备所需主材料。

将土豆、洋葱、香菇、兔肉、青椒均切成块，将青蒜叶切段。

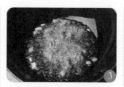
锅内放入食用油，放入葱花、花椒、麻椒爆香，放入兔肉翻炒片刻。

将豆瓣酱、土豆、洋葱、干辣椒段、青椒放入锅中翻炒片刻，加入适量水，炖煮至熟后放入青蒜叶、食盐、味精调味即可。

操作步骤

烹饪心得

营养贴士：兔肉属高蛋白质、低脂肪、少胆固醇的肉类，质地细嫩，味道鲜美，营养丰富，与其他肉类相比较，具有很高的消化率（可达85%），食后极易被消化吸收。

操作要领：在翻炒兔肉时，应用小火慢炒，使其入味。

鱼香兔丝

主料 兔肉 500 克

配料 蒜、白糖、醋、酱油、姜、植物油、豆瓣酱、剁椒、葱、高汤各适量

·操作步骤·

① 兔肉切丝；蒜、姜切末；葱切花。

② 调一小碗鱼香汁：酱油、醋、白糖调匀。

③ 锅烧热后倒入植物油，先放入姜末、蒜末炒香，倒入剁椒、豆瓣酱炒出香味后，倒入高汤，放入兔肉翻炒至熟，再倒入

事先调好的鱼香汁，大火煮至收汁，撒上葱花即可。

·营养贴士· 兔肉中所含的脂肪和胆固醇低于所有其他肉类，而且脂肪又多为不饱和脂肪酸，常吃兔肉，可强身健体。

·操作要领· 豆瓣酱最好事先切碎一些，高汤也可用水代替。

猪肉

优质的猪肉，脂肪白而硬，且带有香味。劣质猪肉肉色较暗，缺乏光泽，脂肪呈灰白色，表面带有黏性，稍有酸败霉味。

性味 〉 性平，味甘。

营养成分 〉

猪肉分瘦猪肉与肥猪肉，瘦猪肉含有丰富的蛋白质、B族维生素以及磷、钙、铁等微量元素，而肥肉的蛋白质含量则比较少，但脂肪较多。

食疗功效

1.猪肉含有丰富的B族维生素，食之可以使身体感到更有力气。

2.猪肉性平，味甘，滋阴润燥，可提供血红素（有机铁）和促进铁吸收的半胱氨酸，能改善缺铁性贫血。

3.猪排滋阴，猪肚补虚损、健脾胃。

适宜人群

一般人群均可食用，尤其适合头晕、贫血、阴虚不足以及营养不良者，但由于猪肉脂肪含量较多，所以高血压患者、肥胖者以及宿食不化者应少食。

酸豆角**炒肉末**

主料 酸豆角 250 克，猪肉 200 克

配料 花生仁 50 克，干辣椒碎 8 克，蒜泥 10 克，精盐、味精、酱油、熟猪油各适量

·操作步骤·

① 酸豆角洗净，倒进温水中浸泡一小会儿，然后切碎；猪肉切末。

② 锅置火上，倒入酸豆角翻炒，直至炒干水分盛出。

③ 锅中倒入熟猪油烧热，下入肉末煸炒，加精盐调味，倒入酸豆角、花生仁翻炒，加入蒜泥、干辣椒碎、酱油炒匀加水焖煮，煮熟后收干汤汁，加入味精出锅即可。

·营养贴士· 豆角含有优质蛋白和不饱和脂肪酸，具有补肾健胃等功效。

·操作要领· 步骤③中加水焖煮时，加水量不宜过多。

辣子肉丁

主料 ► 猪肉 300 克，莴笋 200 克

配料 ► 姜、葱各少许，剁椒酱、生抽、鸡精、精盐、植物油各适量

· 操作步骤 ·

① 猪肉洗净切丁备用；莴笋切丁后用热水焯一下备用；姜、葱切末。

② 锅中倒油烧热，放入姜末、葱末爆香，放入猪肉炒至八成熟，放入剁椒酱、生抽翻炒至入味。

③ 将莴笋放入锅内，和肉一起翻炒至熟，加入精盐、鸡精调味即可。

· 营养贴士 · 猪肉具有补虚强身、滋阴润燥、丰肌泽肤的功效。

鱼香肉丝

主料 ► 瘦猪肉 300 克，青笋、木耳各 100 克

配料 ► 白糖 5 克，醋、酱油各 5 克，葱花、淀粉、肉汤、泡红辣椒、姜末、蒜末、精盐、植物油各适量

· 操作步骤 ·

① 将猪肉洗净切丝，盛入碗内；青笋、木耳均切成丝；泡红辣椒剁碎。

② 白糖、醋、酱油、葱花、淀粉和肉汤放同一碗内（不与肉丝混合），调成芡汁。

③ 炒锅上旺火，下植物油烧至六成热，下肉丝炒散，加姜末、蒜末和剁碎的泡红辣椒炒出香味，再加入青笋、木耳炒几下，然后烹入芡汁，加精盐调味，翻炒均匀即成。

· 营养贴士 · 木耳含蛋白质、脂肪、多糖和钙、磷、铁等元素以及胡萝卜素、维生素 B_1、维生素 B_2、烟酸、磷脂、胆固醇等营养素。

酸辣里脊白菜

主料▷ 里脊肉 300 克，白菜适量

配料▷ 木耳、辣椒酱、姜、蒜、醋、精盐、
植物油各适量

· 操作步骤 ·

① 里脊肉洗净切片；白菜洗净横切段；木
耳泡发洗净，撕成小片；姜、蒜切末。

② 锅中倒油烧热，放姜末、蒜末爆香，放
入里脊肉翻炒，加入白菜、木耳，一起
翻炒一小会儿，加入辣椒酱、醋、水，
盖上锅盖焖煮一会儿。

③ 打开锅盖，加入精盐调味后出锅即可。

· 营养贴士 · 木耳可补气养血、润肺止咳、止血、
降压、抗癌。

螺旋腊肉

主料▷ 五花腊肉 300 克，鸡婆笋 100 克

配料▷ 豆豉、干椒汁、精盐、味精各适量

· 操作步骤 ·

① 将五花腊肉洗净，入笼蒸熟，切成薄片；
鸡婆笋切成段，焯水，捞出控水。

② 用腊肉片将鸡婆笋卷紧，放入蒸钵内，
加豆豉、干椒汁、精盐、味精，入笼蒸熟，
取出摆盘即可。

· 营养贴士 · 腊肉中含有丰富的磷、钾、钠，
还含有脂肪、蛋白质、糖类等。

笋尖烧肉

主料 五花肉 200 克，笋尖 300
克，辣椒 2 个

配料 葱、酱油、食用油、食盐、
白糖、味精各适量

准备所需主材料。

将五花肉切片，竹笋切
片，辣椒切成小块。

操作
步骤

锅内放入食用油，放入
五花肉和竹笋。

锅内放入酱油、白糖进
行翻炒。

锅内放入辣椒块和葱继
续翻炒，至熟后放入食
盐和味精调味即可。

营养贴士：笋尖含有丰富的蛋白质、氨基酸、脂肪、糖类、钙、磷、铁、胡萝卜素等。

操作要领：小火慢煸五花肉，会煸出很多油，如果油过多，可以倒出来。这样做
出的烧肉不会油腻。

川军回锅肉

主 料 ▸ 五花肉 500 克

配 料 ▸ 木耳、油菜、干辣椒、葱、姜、蒜、
辣椒酱、精盐、植物油各适量

·操作步骤·

① 五花肉洗净切片；木耳泡发去蒂、洗净，
撕小朵；油菜洗净切段；干辣椒切段；葱、
姜、蒜切末。

② 锅中倒油烧热，放入葱、姜、蒜、干辣
椒爆香，加入五花肉翻炒至断生，加
入辣椒酱翻炒至入味，放入木耳、油
菜炒熟，出锅前加入精盐调味即可。

·营养贴士· 五花肉具有补肾养血、滋阴
润燥等功效。

·操作要领· 辣椒酱本身就很咸，所以加
盐时注意用量。

蒜苗腊肉

主料 腊肉500克，蒜苗100克

配料 红辣椒、精盐、植物油各适量

·操作步骤·

① 腊肉放沸水锅里煮透后晾凉切片；蒜苗切斜段，茎和叶分开放；红辣椒切片。

② 锅中倒油烧热，放入腊肉炒到透明出油，下蒜茎部分，炒至断生。

③ 最后下蒜苗叶子和红辣椒，出锅前放入精盐调味即可。

·营养贴士· 腊肉味咸、甘，性平，具有开胃、祛寒、消食等功效。

银芽里脊丝

主料 猪里脊、绿豆芽各250克

配料 鸡蛋1个，葱白末3克，精盐4克，绍酒10克，味精2克，猪油750克（耗约75克），湿淀粉25克，红枣5个，红辣椒适量

·操作步骤·

① 肉切成丝，加精盐、蛋清及湿淀粉拌匀上浆；豆芽掐去两头，洗净；红枣去核，切丝；红辣椒切丝。

② 炒锅置旺火上，倒入油烧至三四成热时，投入肉丝滑散、滑熟，捞出控油。

③ 锅中留底油，下葱白末、豆芽、红辣椒丝，快速煸炒至八成熟，烹绍酒，加精盐、味精，倒入肉丝、红枣丝翻炒均匀起锅即成。

·营养贴士· 绿豆芽具有清暑热、通经脉、解诸毒、补肾、利尿、消肿等功效。

野山椒

炖猪脚

主料 猪蹄 1 个（重约 800
克）

配料 泡椒、料酒、老抽、姜、
蒜、油、精盐、八角、
草果、桂皮、香菜叶、
植物油各适量

·操作步骤·

① 将猪蹄洗净，剁小块，放入沸水中煮 2
分钟左右，捞出用清水冲去血沫，沥干；
姜切片；大蒜去皮，切片；八角、桂皮、
草果洗净。

② 起油锅，下入泡椒炒出辣味后下入猪
蹄，翻炒几下后，加入料酒与老抽翻
炒均匀。

③ 放入八角、桂皮、草果、姜片、蒜片，
再加入适量的水（要浸过猪蹄），大
火烧开后转小火炖 20 分钟，放入适量

的精盐，小火将猪蹄炖至软烂时，开
大火将汤汁收浓，放上香菜叶点缀即
可。

·营养贴士· 猪蹄对于经常性的四肢疲乏、
腿部抽筋、麻木、消化道出
血及失血性休克有一定辅助
治疗作用。

·操作要领· 如果猪蹄上面有毛，可先放
在火上烤一会儿，再用刀
刮洗干净。

芥蓝腊肉

主 料 ► 腊肉（生）、芥蓝各 200 克

配 料 ► 红辣椒 50 克，大蒜 10 克，鸡粉、
精盐各 3 克，淀粉、白砂糖各 5 克，
白酒 10 克，植物油 20 克，香油 3 克，
酱油 5 克

·操作步骤·

① 腊肉去皮后切成薄片，放进开水中煮 5
分钟后捞出；芥蓝洗净放入开水锅中汆
烫，捞出备用；红辣椒去籽切成辣椒圈；
蒜切片。

② 炒锅中放入植物油烧热，将蒜片、红辣
椒爆香，接着再加入腊肉片，然后放入
鸡粉、酱油、白酒、白砂糖、精盐，加
一点水，用大火拌炒均匀，最后以淀粉
勾芡，淋上香油即可。

·营养贴士· 此菜具有增进食欲、排毒减肥的
功效。

南瓜粉蒸肉

主 料 ► 五花肉 400 克，南瓜半个

配 料 ► 蒸肉粉 2 盒，料酒、酱油各 15 克，
甜面酱 20 克，辣椒酱、糖各 10 克，
蒜末 10 克，葱花 5 克

·操作步骤·

① 五花肉洗净，去皮，切成肉茸，放入料酒、
酱油、甜面酱、辣椒酱、蒜末、糖、清
水腌渍半小时。

② 南瓜洗净，将瓜瓤刮净，切花边，放在
蒸碗内。

③ 将蒸肉粉拌入五花肉中，均匀裹上一层
后，将五花肉放在南瓜里，入锅以大火
蒸半小时，出锅撒上葱花即可。

·营养贴士· 此菜具有清心润肺、淡化色斑、
美容护肤的功效。

干烧**排骨**

主料 猪排 500 克

配料 洋葱半个，花椒 10 粒，生抽 20 克，老抽、红糖各 15 克，白酒 30 克，精盐 5 克，葱 6 段，姜 5 片，大料 1 个，香叶 3 片，小红辣椒、小青辣椒各 1 个，油 15 克

·操作步骤·

① 猪排洗净切块，加白酒腌半小时后沥水；洋葱洗净切丝铺盘底；小红辣椒和小青辣椒切小窄段。

② 炒锅放油烧到三成热，转中小火放猪排翻炒，直至水分完全收干。

③ 排骨变色后放葱、姜，翻炒至肉质微微焦黄，放大料、香叶炒匀，再放入花椒、生抽、老抽、红糖，炒至排骨颜色棕红，加入没过排骨表面的开水，加盖用大火烧开，再转中火慢炖。

④ 汤汁快干时，加小红辣椒、小青辣椒和精盐，转大火快炒，至汤汁完全收干，拣去葱、姜、大料、香叶，出锅即可。

·营养贴士· 此菜具有润肺、防癌、保护心脑血管的功效。

·操作要领· 汤汁快干的时候排骨应该正好八九分熟，这时转成大火将汤汁完全烧干，但是要注意不停地翻炒，以免煳锅。

干豆角蒸肉

主 料 干豆角 100 克,新鲜猪肉 300 克

配 料 红辣椒、葱花各少许,辣椒粉 15 克,
植物油、精盐各适量,蚝油 15 克

·操作步骤·

① 将猪肉切块,用精盐和蚝油腌渍备用;
干豆角用凉水稍泡,然后捞出切成小段;
红辣椒切成小段。

② 锅置火上,倒入植物油,烧至六成熟,
下干豆角炒香,撒辣椒粉、精盐,炒匀,
盛入碗里,再将处理好的猪肉放到干豆
角上,淋适量水。

③ 将碗放入高压锅,隔水蒸半小时,出锅
后撒入红辣椒和葱花即可。

·营养贴士· 此菜具有健脾养胃、补血美容的
功效。

东坡肘子

主 料 肘子 500 克,油菜适量

配 料 葱 10 克,姜、蒜各 5 克,桂皮、香叶、
八角、冰糖、剁椒酱、酱油、五香粉、
色拉油各适量,小葱末、精盐各少许

·操作步骤·

① 将肘子清理干净,放入沸水中煮几分钟,
去掉污血和脏物,捞出后用刀割几道口
子;油菜焯熟垫盘;葱切段;姜、蒜切片。

② 锅内倒水烧沸,放入适量葱、姜和香叶,
将肘子煮到七八成熟,捞出,上蒸锅蒸
90 分钟。

③ 炒锅中倒入适量色拉油烧热,入葱、姜、
蒜炒香,放入桂皮、香叶、八角翻炒,
加适量水,放入冰糖、五香粉、酱油、
剁椒酱、精盐,用小火慢煮,剩一碗汤
汁时关火。

④ 肘子蒸好后放入垫有油菜的盘中,浇上
烧好的汤汁,撒上小葱末即可。

·营养贴士· 猪肘具有和血脉、润肌肤、填肾
精、健腰脚的功效。

蒜泥白肉

主料 生净带皮猪后腿肉 250 克

配料 葱 2 根，姜 3 片，蒜泥、白糖、香油、酱油各适量，香菜、干辣椒段、辣椒油、味精各少许

·操作步骤·

① 将猪后腿肉放入锅中，加足量水，葱切段，姜拍碎一起加入，旺火煮至肉皮软，关火，浸泡 15 分钟。

② 捞出猪后腿肉，沥干水分，切成大小合适的薄片摆盘，点缀些香菜、干辣椒段。

③ 将蒜泥、味精、白糖、酱油、香油、辣椒油放入碗中调成汁，与摆好盘的猪后腿肉一起上桌即可。

·营养贴士· 猪肉具有改善缺铁性贫血的功效。

芦笋炒腊肉

主料 腊肉 250 克，芦笋 200 克

配料 色拉油 20 克，红辣椒 2 个，精盐 5 克，味精 2 克，水淀粉适量，葱花、姜丝、蒜末各少许

·操作步骤·

① 腊肉洗净切条；芦笋切条，焯水备用；红辣椒洗净切丝。

② 锅中放色拉油烧热，放入葱花、姜丝、蒜末爆香，放入腊肉，加少量水焖 1 分钟，加入芦笋和红辣椒再焖 3 分钟，加入精盐、味精翻炒均匀，再用水淀粉勾芡即可。

·营养贴士· 此菜具有清热利水、润肤抗炎、保护血管的功效。

回锅肉

主料 五花肉 250 克，红椒 45 克，青蒜 30 克，笋 50 克

配料 甜面酱 20 克，豆瓣辣酱 10 克，白砂糖 8 克，大豆油 30 克，精盐、味精各适量

· 操作步骤 ·

① 将五花肉整块放入冷水中煮约 20 分钟，捞出，待冷却后切成薄片；红椒去蒂去籽，切成小片；青蒜去干皮，切段；笋切片。

② 炒锅入油，先下肉片爆炒，见肥肉部分收缩，再放入红椒炒数下，盛出。

③ 锅中留底油，将甜面酱、豆瓣辣酱炒香，加白砂糖、味精、精盐翻炒均匀，放入炒好的肉片、红椒和笋片一起翻炒。

④ 起锅前加青蒜同炒，待香味散出即可。

· 营养贴士 · 青蒜中含有蛋白质、胡萝卜素、维生素 B_1、维生素 B_2 等营养成分。

冶味水煮肉

主料 猪里脊肉 500 克

配料 菠菜、木耳、豆豉酱、辣椒酱、葱、姜、蒜、花椒、淀粉、精盐、味精、糖、香油、植物油各适量

· 操作步骤 ·

① 将猪里脊肉切成片状，放入碗中，加精盐、香油、淀粉和少许水搅拌均匀腌渍；菠菜洗净切段；葱、姜、蒜切末；木耳泡发洗净，撕小朵。

② 锅内倒入植物油烧热，把花椒放入锅内，等花椒变颜色后捡出，制成花椒油待用。

③ 在锅内放入适量的植物油，加入香油，等油热后放入姜末炒香，放入豆豉酱、辣椒酱、蒜末、花椒、葱末翻炒，加入适量的水，再放入菠菜、木耳翻炒。

④ 最后放入腌渍好的肉片，等肉片变得有点白时，翻一下，放入精盐、糖、味精调味，淋上一点热油即可。

· 营养贴士 · 本菜具有补血止血、通肠胃、调中气、润肺、美容等功效。

麻辣排骨

主料▶ 猪小排 500 克

配料▶ 花椒、干红椒段、葱段、姜片、蒜、生抽、精盐、糖、白胡椒粉、五香粉、干淀粉、蚝油、料酒、植物油各适量

·操作步骤·

① 排骨洗净，剁成小块，放入大碗中，加入植物油、生抽、精盐、糖、白胡椒粉、五香粉、蚝油、干淀粉、姜片、料酒拌匀，腌上约 1 个小时。

② 蒸锅中放入排骨，蒸约 40 分钟取出，用厨房纸巾吸干表面的汤汁。

③ 锅内倒入植物油烧热，放入排骨，大火炸至表面金黄色，捞出沥油。

④ 锅中留底油烧热，放入花椒爆香后捞出，再放入干红椒段、葱段、姜片、蒜炒香，放入排骨翻炒均匀，将排骨捡出装盘即可。

·营养贴士· 猪排骨具有滋阴润燥、益精补血的功效。

·操作要领· 排骨用胡椒粉等调料腌一会儿，可以去腥。

麻辣里脊片

主料 里脊肉 500 克

配料 鲜汤、竹笋、淀粉、蛋清、姜末、辣椒、
麻椒、味精、花椒粉、酱油、白糖、
豆瓣酱、红油、植物油各适量

· 操作步骤 ·

① 将里脊肉切成大薄片，加酱油、蛋清、
淀粉抓匀；竹笋洗净焯水过凉，切条；
辣椒切碎。

② 将酱油、白糖、花椒粉、姜末、味精、淀粉、
鲜汤调成芡汁。

③ 锅内倒入植物油烧至四成热，下入肉片
滑散至熟倒出，再下入竹笋条、辣椒碎、
麻椒、豆瓣酱，烹入芡汁，淋上红油即可。

· 营养贴士 · 本菜具有润肺利咽、清热解毒、
护肤、美容等功效。

锅仔山珍猪皮

主料 野山菌 200 克，鲜猪皮 250 克

配料 金针菇 50 克，鸡精、精盐各 5 克，
姜 5 片，玉兰片 50 克，干辣椒段 5
克，胡椒粉 1 克，鸡汤 500 克

· 操作步骤 ·

① 鲜猪皮烙去毛，刮洗漂净后，改刀切成
长方块，放沸水中略焯，捞出沥干水分
备用；金针菇洗净。

② 将野山菌清洗干净，切段，并用鸡汤
小火煨 30 分钟，将猪皮放入锅中，放
入金针菇、姜片、玉兰片、干辣椒段、
胡椒粉，小火煲 1 个小时至猪皮软糯，
放鸡精、精盐调味即可。

· 营养贴士 · 此菜具有养颜护肤、美容抗衰的
功效。

土家干锅脆爽

主料▷ 山蜇菜 100 克，五花肉 50 克

配料▷ 大蒜苗、洋葱各 10 克，红杭椒 15 克，姜末、蒜片各 5 克，香醋 6 克，红油、葱油各 10 克，老抽 3 克，鸡精 5 克，生抽、麻油各 5 克，十三香 4 克，猪油 15 克

·操作步骤·

① 五花肉切 2 厘米厚的片；红杭椒切丁；洋葱切成丝，摆入干锅；大蒜苗斜切成段待用。

② 锅上火，入猪油烧至五成热，放入姜末、蒜片，中火爆香，放入五花肉片煸炒出香，烹入老抽、生抽、香醋调味，放红杭椒丁炒香。

③ 倒入干蜇菜翻炒均匀，加鸡精、大蒜苗段、十三香，淋入红油，最后浇葱油起锅，装入垫有洋葱丝的干锅内，淋麻油上桌即可。

·营养贴士· 山蜇菜具有健胃、利尿、补脑、安神、解毒、减肥、防癌、抗癌等功效。

·操作要领· 在炒制干锅时，不能久炒，要适当地加一点儿水，以使山蜇菜不至于软绵。

开胃椒蒸猪脚皮

主料 猪脚皮 500 克

配料 植物油 20 克，鲜红尖椒 1 个，酱椒、
小米椒、豆豉各适量，精盐 3 克，
鸡粉、蚝油各 5 克，葱花 5 克

·操作步骤·

① 把猪脚皮切大块，放入大碗中；将酱椒、
小米椒剁碎，加入精盐、豆豉，用热植
物油烧制成酱椒汁，然后放入鸡粉、蚝
油冷却；鲜红尖椒切粒。

② 把冷却的酱椒汁浇在猪脚皮上，撒上之
前切好的鲜红尖椒，入笼蒸，蒸至猪脚
皮酥烂，撒上葱花即可。

·营养贴士· 本菜有养颜美容、补中益气的功
效。

山椒焗肉排

主料 猪排骨 500 克

配料 泡山椒、红辣椒段、蒜蓉、味精、
精盐、料酒、生粉、五香粉、吉士
粉、汾酒、面粉、小苏打、植物油
各适量

·操作步骤·

① 猪排骨洗净斩成块，用精盐、味精、小
苏打、汾酒、吉士粉、面粉、生粉腌好；
泡山椒剁碎。

② 锅中倒植物油烧热，将腌好的猪排放进
锅里面炸熟后捞出，控油待用。

③ 另起锅注入植物油烧热，放入红辣椒段、
蒜蓉、精盐、料酒和肉排一起翻炒至入
味后出锅摆盘。

④ 锅中留底油，放入切碎的泡山椒翻炒至
出辣味后，盛出淋在排骨上即可。

·营养贴士· 本菜具有补血益气、消食、抗衰
老等功效。

准备所需主材料。

将五花肉切片。

将蒜切片,将辣椒去籽
切块。

锅内放入食用油,放入
五花肉翻炒片刻。

干炒五花肉

操作
步骤

主料 五花肉 200 克

配料 青、红辣椒各2个,蒜、酱油、食用油、
食盐、味精各适量

向锅内放入辣椒和蒜,
至熟后加入酱油和食盐、
味精调味,收汁后即可
出锅

烹饪心得

营养贴士:猪肉是维生素的主要膳食来源,特别是精猪肉中维生素 B_1 的含量丰富。
猪肉中还含有较多的对脂肪合成和分解有重要作用的维生素 B_2。

操作要领:炒五花肉时,要中小火慢慢煸炒,直到肥肉焦黄。

牛肚

挑选与储存〉

　　选择来源可靠、渠道正规、经过检疫部门检测的，太白的牛肚不宜选购。

性味〉性温，味甘，无毒。

营养成分〉

　　牛肚含有的营养元素比较丰富，有蛋白质、脂肪、钙、磷、铁、硫胺素、核黄素以及烟酸等。

食疗功效

1.牛肚具有补益脾胃、补气养血、补虚益精的功效。
2.牛肚可治病后虚羸、气血不足、消渴、风眩的症状。

适宜人群

　　一般人群均可食用，尤其是气血不足、营养不良、病后虚弱以及脾胃不佳的患者，但由于牛肚含大量胆固醇，所以高胆固醇血症患者不宜食用。

麻辣**毛肚**

主 料 毛肚 500 克，莴笋 200 克

配 料 姜、蒜各少许，辣椒油、花椒、精
盐各适量

·操作步骤·

① 毛肚洗净后用开水焯熟，晾凉后切成片；
姜、蒜切成末；莴笋用开水焯熟后切成
片摆在盘底。

② 锅烧热放辣椒油、花椒、姜、蒜炸香，
倒入碗里。

③ 将毛肚片放在盛调料的碗里，加入精盐，
一起搅拌均匀后倒在莴笋片上即可。

·营养贴士· 毛肚含蛋白质、脂肪、钙、磷、
铁、硫胺素、烟酸等元素，具有
补益脾胃、补气养血、补虚益精
的功效。

酸菜**炒牛百叶**

主 料 牛百叶 500 克

配 料 酸菜、泡椒、干辣椒、精盐、味精、
食用油、蒜各适量

·操作步骤·

① 牛百叶洗净焯水，切细条；酸菜切成条；
泡椒切段；干辣椒切丝；蒜切末。

② 锅中倒油烧热后，下干辣椒丝和蒜末爆
香，加入酸菜条翻炒一小会儿，再加入
切好的牛百叶，大火爆炒至熟。

③ 加入泡椒段、少许精盐和味精，翻炒均
匀即可。

·营养贴士· 本菜具有预防便秘、降低血胆
固醇及治疗消渴、风眩等功效。

毛血旺

主 料 鸭血 300 克，牛百叶 250 克，黄豆芽 100 克，莴笋 1 根，黄鳝 2 条，火腿、肥肠各 50 克

配 料 红油火锅底料、郫县豆瓣酱各 50 克，生抽 15 克，料酒 20 克，白糖 10 克，蒜瓣 6 个，味精、香油、葱、姜、食用油、精盐、红辣椒段、花椒各适量

·操作步骤·

① 莴笋去皮切块，放入锅中加少许精盐，焯烫后捞出过凉；黄豆芽洗净，焯烫 2 分钟过凉；牛百叶焯烫后捞出过凉；肥肠洗净切段，焯烫捞出晾凉；去骨的黄鳝切片放入沸水中焯烫，洗去上面的黏液；鸭血切块煮上 2 分钟，过凉备用；姜、蒜切末；葱切花。

② 锅置火上，加入香油，放入花椒、红辣椒爆香，制成麻辣油。

③ 另取一锅，放入食用油，烧至五成热，放入葱花、姜末、蒜末爆香，加入郫县豆瓣酱和红油火锅底料炒出香味，加适量水，放入鸭血块、黄鳝片、生抽、白糖、料酒煮 5~8 分钟，放入牛百叶、肥肠、黄豆芽、莴笋、火腿煮 2~3 分钟，加精盐、味精调味关火，倒入制好的麻辣油即可。

·营养贴士· 鸭血富含铁、钙等多种矿物质，营养丰富。

·操作要领· 所有食材分别烫一下，可以使煮好的毛血旺汤清透红亮，口味更佳。

猪大肠

挑选与储存

　　质量好的猪大肠，颜色呈白色，黏液多，异味轻。色泽较暗、有青有白、黏液少、异味重的质量不好。

性味 性平、微寒，味甘。

营养成分

　　猪大肠含有丰富的蛋白质、脂肪以及钙、钾、磷、钠等微量元素，但胆固醇含量很高。

食疗功效

1. 猪大肠有润肠、祛下焦风热、止小便频数的作用。
2. 猪大肠可以治疗大肠病变，有润肠治燥、调血痢脏毒的作用。
3. 猪大肠可用于治疗虚弱口渴、脱肛、痔疮、便血、便秘等症。

适宜人群

　　一般人群均可食用，尤其适合患有痔疮、便血、脱肛以及小便频多的人，但由于猪大肠性微寒，所以脾虚便溏者不宜食用，而且猪大肠脂肪、胆固醇含量也较多，因此高胆固醇血症患者以及肥胖者不宜食用。

香辣肥肠

主料 肥肠 500 克

配料 红辣椒、蒜、姜、花椒、料酒、精盐、酱油、白糖、鸡精、食用油各适量

·操作步骤·

① 肥肠洗净；红辣椒切段；姜、蒜切片。

② 锅中放水，放入洗净的大肠，再放入料酒、姜片煮至沸腾，取出大肠，锅中重新放水，加姜片、料酒，再将大肠放入锅中，将大肠煮软，取出晾凉后切成 5 厘米长的段备用。

③ 锅中倒食用油烧至六成热，倒入大肠，放精盐，转中火将水分慢慢煸干至大肠有些干，盛出备用。

④ 锅中留底油，放入姜片、蒜片翻炒出香味，倒入红辣椒段和花椒，转中火翻炒至辣椒有一点点变色，倒入大肠继续翻炒一小会儿，放入料酒、酱油、白糖、鸡精继续翻炒至辣椒变成暗红色后，关火盛出装盘即可。

·营养贴士· 本菜具有养阴补虚、降糖消渴、和胃、养颜护肤等功效。

·操作要领· 在沸水中加入姜片是为了去除大肠上的腥味。

猪舌

挑选与储存 〉

　　新鲜的猪舌头呈灰白色包膜平滑，无异块和肿块，舌体柔软有弹性，无异味。变质的猪舌头呈灰绿色，表面发黏、无弹性，有臭味。

性味 〉性平，味甘、咸。

营养成分 〉

　　猪舌的营养成分非常丰富，含有大量蛋白质、维生素 A、烟酸、铁、硒等营养元素，但胆固醇含量很高。

食疗功效

猪舌有滋阴润燥的功效。

适宜人群

　　一般人群均可食用，但由于猪舌的胆固醇含量较高，所以患有高胆固醇血症的患者不宜食用。

红油口条

主 料 猪舌头若干个

配 料 精盐、酱油、葱段、姜片、蒜瓣、八角、
食用油、辣椒油、香油、花椒、葱花、
味精各适量

·操作步骤·

① 将猪舌洗净，投入开水锅中煮10分钟左
右，取出，用刀把舌上白皮（即舌苔）刮去。

② 锅置火上，倒入食用油烧热，加精盐、
酱油、葱段、姜片、蒜瓣，放入八角、
花椒（装入布袋扎好），加水烧开后，

撇去浮沫，再煮20分钟左右，烧出香味
后，把洗净的猪舌下入烧开，改用小火，
加盖卤煮约30分钟，卤至猪舌软嫩入味，
取出晾凉，切片，放在盘中；将辣椒油、
酱油、香油、精盐、味精调和在一起，
浇在猪舌上拌匀，撒上葱花即可。

·营养贴士· 猪舌对于治疗肝阴虚、产后
极度虚弱、肾气虚等症有一
定功效。

·操作要领· 做猪舌之前一定不要嫌麻
烦，要一步一步地处理干净。

美味禽蛋

鸡肉

挑选与储存 〉

一般来说，新鲜卫生的鸡肉块大小不会相差特别大，颜色会是白里透着红，看起来有亮度，手感比较光滑。

性味 〉 性温，味甘。

营养成分 〉

鸡肉富含蛋白质，其中含有全部必需氨基酸，是重要的优质蛋白来源。鸡肉还富含磷、铁、铜、锌等微量元素以及B族维生素、维生素A、维生素D和维生素K。

食疗功效

1. 用于治疗虚劳瘦弱、中虚食少、泄泻、头晕心悸、月经不调、产后乳少、消渴、水肿、小便数频、遗精、耳聋耳鸣等症。

2. 常吃鸡肉可增强肝脏的解毒功能，提高免疫力，防止感冒和坏血病。

适宜人群

一般人群均可食用，尤其适合孕妇、产妇、老人以及营养不良、体弱疲乏的人食用，但由于鸡肉性温，因此不适合感冒发热、内火旺盛、便秘等患者食用。

芽菜
炒鸡粒

主 料▷ 鸡肉250克，
油炸花生米、
芽菜各适量

配 料▷ 辣椒、水淀
粉、食用油、
食盐各适量

准备所需主材料。

把油炸花生米碾成碎末。

把鸡肉切丁；辣椒剁碎。

在水淀粉中放入适量食盐。

锅内放入食用油，待油热后，把鸡丁裹上水淀粉，放入油锅中翻炸片刻捞出。

锅内留少许底油，放入芽菜、辣椒翻炒，放入鸡丁翻炒至熟，撒上碎花生米即可。

烹饪心得

操作
步骤

营养贴士： 芽菜所含的能量很低，却含有丰富的纤维素、维生素和矿物质，有美容排毒、消脂通便、抗氧化的功效。

操作要领： 炸鸡丁时，炸至鸡丁呈金黄色为宜。

辣味鸡丝

主料 鸡脯肉 150 克，青椒 100 克

配料 精盐、料酒、味精、胡椒粉、干椒丝、
姜丝、香芹段、辣椒油、植物油各
适量

·操作步骤·

① 鸡脯肉切丝待用；青椒洗净切丝。

② 锅中倒植物油烧至四成热，下鸡丝过油
炒散，待用。

③ 锅中留底油，下姜丝、干椒丝炒香，倒
入鸡丝翻炒，加入青椒丝、香芹段翻炒
片刻，加辣椒油、精盐、味精、胡椒粉、
料酒翻炒均匀即可。

·营养贴士· 鸡脯肉的蛋白质含量较高，且
易被人体吸收、利用，有增强
体力、强壮身体的功效。

重庆辣子鸡

主料 整鸡 1 只

配料 花椒、干辣椒、葱、熟芝麻、精盐、
味精、料酒、食用油、姜、蒜、白
糖各适量

·操作步骤·

① 将鸡切成小块，放精盐和料酒拌匀后，
放入八成热的油锅中，炸至外表变干呈
深黄色后捞起待用；葱切成 3 厘米长的
段；姜、蒜切片。

② 锅里烧油至七成热，倒入姜片、蒜片炒
出香味后，按 4:1 的比例倒入干辣椒和
花椒，翻炒至出辣味，倒入炸好的鸡块
炒匀，撒入葱段、味精、白糖、熟芝麻，
炒匀后起锅即可。

·营养贴士· 鸡肉对营养不良、畏寒怕冷、乏
力疲劳、月经不调、贫血、虚弱
等有很好的食疗作用。

干茄子
焖鸡片

主料 鸡片 200 克，水发干茄子 150 克

配料 红椒、青椒各 10 克，姜片、清汤、精盐、干辣椒、豆豉、辣妹子辣酱、味精、淀粉、生抽、猪油各适量

·操作步骤·

① 水发干茄子改刀切小片；青椒、红椒切菱形片，分别焯水；干辣椒切段。

② 鸡片加精盐、淀粉拌匀，入沸水焯至断生，待用。

③ 锅中放猪油烧热，下姜片、豆豉、干辣椒段、辣妹子辣酱、干茄子炒香，加适量清汤，改小火焖至茄子松软，下鸡片、青椒片、红椒片，加精盐、味精、生抽调味，大火收汁即可。

·营养贴士· 茄子含有蛋白质、脂肪、糖类、维生素以及钙、磷、铁等多种营养成分，常吃茄子，可使血液中胆固醇含量不至于增高。

·操作要领· 如果没有干茄子也可用新鲜茄子代替，但味道没有用干茄子做的好吃。

辣子鸡翅

主 料 鸡翅 500 克

配 料 干辣椒 100 克，姜、葱、花椒、蜂蜜、生抽、精盐、白糖、植物油各适量

· 操作步骤 ·

① 干辣椒去籽，切小段；姜切片；葱一半切段，一半切葱花。

② 鸡翅拆成翅尖、翅中、翅根三段，将鸡翅放到装有葱花、蜂蜜、生抽、姜片的碗里腌渍 30 分钟。

③ 锅内热油，放入姜片、葱段、白糖，颜色变深后放入鸡翅。

④ 鸡翅上色后放入干辣椒段、花椒，加入 1 碗水，水干后出现油煎的声音时，再煎 2 分钟，加精盐调味即可。

· 营养贴士 · 鸡翅具有温中益气、补精添髓、强腰健骨等功效。

香飘怪味鸡

主 料 公鸡（或大笋鸡）肉 500 克

配 料 酱油、花椒粉、葱白、白糖、盐、辣椒、熟白芝麻、味精、醋、麻酱、香油各适量

· 操作步骤 ·

① 葱白洗净，切丝排于碟边；熟白芝麻炒香备用。

② 鸡肉洗净，放入滚水中，加少许盐以慢火浸约 12 分钟至鸡熟，切块放在碟中。

③ 将所有调料混合成怪味汁后淋在鸡肉上，撒上熟白芝麻即可。

· 营养贴士 · 鸡肉有温中益气、补虚填精、健脾胃、活血脉、强筋骨的功效。

酸辣**凤翅**

主 料▶ 鸡翅膀 2 只

配 料▶ 酸泡菜、鲜红辣椒、水发玉兰片各
50 克，水发香菇若干，醋、精盐、
酱油、食用油、味精、绍酒、青蒜、
葱结、姜片、生粉、香油各适量

·操作步骤·

① 将鸡翅膀放入滚水中烫过，从中间骨节
处剁成两段；鲜红辣椒切片；酸泡菜切
碎；水发香菇去蒂；青蒜切成米粒状。

② 取瓦钵 1 只，用竹箅子垫底，依次放入
鸡翅膀、醋、精盐、酱油、绍酒、葱结、
姜片和适量的水，放大火上煮沸，再改
用小火煨 1 小时，至鸡翅膀柔软离火，

去掉葱、姜，取出竹箅子。

③ 锅中倒入食用油烧至七成熟，先下水发
玉兰片、鲜红辣椒片、水发香菇，再加
精盐、酱油煸炒，约 30 秒钟后，加入酸
泡菜翻炒几下，接着倒入瓦钵内的鸡翅
膀和原汤，炒匀后放入青蒜、味精，用
生粉水勾芡，淋入香油即可。

·营养贴士· 本菜具有补中益气、降血脂、
强腰健胃等功效。

·操作要领· 鸡翅膀不宜煮太烂，会影响
口感。

松仁花椒鸡

主 料 鸡腿 2 个

配 料 青椒、红椒各 3 个，鲜花椒、干辣椒、松仁、精盐、料酒、鸡精、色拉油各适量

· 操作步骤 ·

① 鸡腿洗净剁小块，用盐腌一小会儿；青椒、红椒洗净切段；干辣椒切段。

② 锅中倒色拉油烧热，放入干辣椒段、鲜花椒炒香，放入鸡块翻炒一会儿，烹入料酒，继续翻炒至鸡块变色。

③ 加入青椒、红椒、松仁一起翻炒至入味，出锅前加入精盐、鸡精调味即可。

· 营养贴士 · 花椒性温，味辛，有温中散寒、除湿、止痛、杀虫、消宿食、止泄泻等功效。

宫保鸡丁

主 料 鸡胸肉 300 克，去皮熟花生米 50 克

配 料 干辣椒 20 克，精盐 5 克，料酒、生抽各 5 克，生姜、蒜各 10 克，醋 10 克，干淀粉 10 克，小葱 30 克，鸡蛋清 15 克，味精、胡椒粉各 2 克，植物油、白糖、花椒各适量

· 操作步骤 ·

① 鸡胸肉切丁，加干淀粉、精盐、料酒、蛋清、胡椒粉抓匀，腌渍 5 分钟；干辣椒、小葱切段；生姜切末；蒜切片；生抽、醋、白糖、味精、剩余的干淀粉、精盐加适量水调匀，制成料汁。

② 锅中放少许植物油，烧至四成热时，放入鸡丁滑散，炒至表面变白盛出。

③ 锅内留底油，放入花椒爆香，加葱段、姜末、蒜片和干辣椒炒出香味，放入鸡丁翻炒，倒入调好的料汁，大火快速炒匀，最后放花生米炒匀即可。

· 营养贴士 · 此菜具有增强体质、提高人体免疫力、补肾益精的功效。

麻辣**鸡脖**

主 料 鸡脖 300 克

配 料 辣酱、花椒各 10 克，葱末、姜末、蒜末各 5 克，精盐 5 克，酱油 15 克，糖、大料、辣椒各 20 克，植物油 50 克

·操作步骤·

① 鸡脖用水泡 30 分钟，捞出控干。

② 锅中放入少许的植物油，放入花椒、辣椒、大料爆香，加入鸡脖煸炒至变色捞出备用。

③ 另起锅，小火把辣酱炒出红油，放入葱末、姜末、蒜末爆香，放入酱油、糖、精盐，加水烧开，倒入鸡脖，烧开转小火至收干汤汁后捞出鸡脖即可。

·营养贴士· 此菜具有开胃健脾的功效。

·操作要领· 鸡脖上的油脂要去掉。

鸡胗

挑选与储存〉

　　优质新鲜的鸡胗按压时是有弹性的，色泽光亮，呈红色或紫红色。如果是不好的鸡胗就会呈黑红色，无光泽，没有弹性，肉质松软，如果遇到这种鸡胗就不要购买了。

性味〉性寒，味甘。

营养成分〉

　　鸡胗富含角蛋白、氨基酸等营养成分，而且铁含量也十分丰富。

食疗功效

1. 有助于胃酸的分泌和食物的消化。
2. 有止呕消嗳、降胃气、调脾胃的功效。
3. 鸡胗内含有多种氨基酸和有机酸，有消除疲劳、帮助睡眠的作用。

适宜人群

　　一般人群均可食用，尤其适合脾胃不佳、身体疲劳、睡眠不足的人食用，但由于鸡胗胆固醇含量较高，所以高胆固醇血症患者不宜食用。

麻辣煸鸡胗

主 料▶ 鸡胗 500 克

配 料▶ 干辣椒 10 克，蒜、姜、香菜各少许，
精盐、味精、胡椒、植物油各适量

·操作步骤·

① 鸡胗洗净切片；蒜、姜切末；香菜、干
辣椒切段。

② 锅内倒油烧热，放入蒜末、姜末、干辣
椒段、胡椒炒香，加入鸡胗翻炒至熟，
最后加入精盐、味精调味，出锅前撒上
香菜段即可。

·营养贴士· 本菜具有健胃消食、化积排石
等功效。

爆炒鸡胗花

主 料▶ 鸡胗 300 克

配 料▶ 花椒、葱段、姜末、蒜片、红辣椒、
食用油、食盐、黄酒、鸡精、淀粉各
适量

·操作步骤·

① 将鸡胗表层黄色膜撕去，然后洗净切成
薄片；红辣椒洗净斜切段。

② 鸡胗中加入淀粉和少许黄酒上浆，放置
约 10 分钟。

③ 锅中倒食用油烧热，加入花椒、葱段、
姜末、蒜片爆香，倒入鸡胗翻炒，最后
加入红辣椒段、食盐，待炒熟出锅时加
入鸡精炒匀即可。

·营养贴士· 鸡胗为传统中药之一，用于治疗
消化不良、遗精盗汗等症效果极
佳。

山椒**鸡胗**

主 料 鸡胗 300 克，泡山椒 100 克

配 料 葱 1 段，姜 1 块，花椒 20 克，
红辣椒 1 根，食盐、味精各
适量

准备所需主材料。

将鸡胗放入清水锅内，
放入花椒煮制全熟。

操作
步骤

将煮熟的鸡胗捞出控干
水分后切成片。

将泡山椒去蒂，将红辣
椒切一个圈备用。

将泡山椒和鸡胗放入容
器内，放入食盐、味精
拌均匀，最后放上辣椒
圈即可。

烹饪心得

营养贴士： 鸡胗内主要含有角蛋白、氨基酸等成分，具有增加胃液分泌量和胃肠
消化能力、加快胃的排空速率等作用。

操作要领： 先用沸水把鸡胗焯一下，倒掉锅内的水，重新放入水进行煮至。

鸡肝

挑选与储存〉

　　挑选新鲜的生鸡肝时要看颜色是否鲜明、气味是否清正，个头的大小、光滑和完整程度，以及有没有被胆汁污染。

性味〉性温，味甘苦。

营养成分〉

　　鸡肝含有丰富的蛋白质、维生素 A、B 族维生素以及钙、磷、铁、锌等微量元素。

食疗功效

　　1.鸡肝含有丰富的维生素 A，有维持正常生长和生殖机能的作用，能保护眼睛，维持正常视力，防止眼睛干涩、疲劳，维持健康的肤色，对皮肤的健美具有重要意义。

　　2.鸡肝能够增强人体的免疫反应，抗氧化，防衰老，并能抑制肿瘤细胞的产生。

　　3.鸡肝含铁丰富，铁质是产生红细胞必需的元素，一旦缺乏便会感觉疲倦、面色青白。适量进食鸡肝可使皮肤红润。

适宜人群

　　一般人群均可食用，尤其适合贫血患者以及常在电脑前工作的人食用，但由于鸡肝性温且含有大量胆固醇，所以不适合患有高胆固醇血症、肝病、高血压以及冠心病的患者食用。

酸辣**鸡杂**

主 料 鸡杂600克（鸡心、鸡肝、鸡肫各200克）

配 料 精盐、香菜、植物油、蒜末、姜丝、红辣椒、白酒、生醋、味精各适量

·操作步骤·

① 鸡杂洗净切片；红辣椒斜刀切段；香菜洗净切段。

② 炒锅置火上，放鸡杂煸炒至水干，装盘备用。

③ 将炒锅洗净并烧干水分，放入植物油加热，放入蒜末、姜丝炒香，放入鸡杂，炒至出香味时滴几滴白酒，放入生醋，将切好的红辣椒段、香菜段放入锅里一起翻炒，放精盐、味精调味，拌匀后起锅装盘即可。

·营养贴士· 鸡杂有健胃消食、润肤美肌等功效。

·操作要领· 放几滴白酒是为了去除鸡杂的腥味。

鸭肉

挑选与储存〉

　　挑选鸭肉时应该看是否新鲜、是否有变质现象，若有包装则要看包装是否完好，是否有厂名、厂址等。

性味〉 性微凉，味甘、咸。

营养成分〉

　　鸭肉营养价值极高，含有丰富的蛋白质、脂肪、B族维生素和维生素E。鸭肉的脂肪多为不饱和脂肪酸和低碳饱和脂肪酸，具有降低胆固醇的作用。

食疗功效

　　1.鸭肉所含B族维生素和维生素E较其他肉类多，能有效抵抗脚气病、神经炎和多种炎症，还能抗衰老。

　　2.鸭肉中含有较为丰富的烟酸，它是构成人体内两种重要辅酶的成分之一，对心肌梗死等心脏疾病有治疗作用。

适宜人群

　　一般人群均可食用，尤其适合上火、食欲不振、便秘、体质虚弱、营养不良的人食用，但由于鸭肉性微凉，所以凡是患由受凉引起的疾病的人皆不适合食用鸭肉。

香辣**鸭脖**

主料 鸭脖 500 克

配料 土豆、洋葱各 1 个，黄瓜 2 根，豆豉、葱、姜、蒜、干辣椒、精盐、胡椒粉、淀粉、植物油、熟白芝麻各适量

·操作步骤·

① 鸭脖洗净切段；土豆去皮切片；黄瓜洗净切条；洋葱切片；葱切段；姜切末；蒜切末。

② 淀粉放碗里，加水，放入鸭脖裹一层薄薄的浆，取出放在烧热的油锅里炸至两面金黄，捞出。

③ 锅中留底油，加入葱段、姜末、蒜末、干辣椒、豆豉炒出香味，放入黄瓜、洋葱、土豆翻炒至断生，加入炸好的鸭脖翻炒至所有的材料变熟后，加精盐、胡椒粉调味，撒上熟白芝麻起锅即可。

·营养贴士· 鸭脖本身高蛋白、低脂肪，具有益气补虚、降血脂、养颜美容等功效。

子姜**炒鸭丝**

主料 熏鸭 1 只（约 600 克），嫩子姜 100 克

配料 大红甜椒 50 克，白糖 5 克，味精 1 克，麻油 10 克，熟菜油、豆芽、酱油各适量

·操作步骤·

① 选购颜色棕红、香味纯正的熟烟熏鸭子 1 只，剔除全部骨架，留净肉 300 克，切成丝；甜椒、嫩子姜切成细丝。

② 锅置旺火上，下菜油烧至六成热，放入鸭丝进行爆炒，再加姜丝、甜椒丝炒出香味，加入豆芽炒至断生，加入白糖、味精、酱油翻炒均匀入味，最后淋入麻油起锅盛盘即成。

·营养贴士· 鸭肉中含有较为丰富的烟酸，它是构成人体内两种重要辅酶的成分之一，对心肌梗死等心脏疾病患者有保护作用。

脆椒**鸭丁**

主料 鸭肉 500 克，干辣椒 50 克

配料 花生仁 50 克，植物油 20 克，精盐 5 克，鸡精 3 克，酱油 10 克，姜、蒜各适量

·操作步骤·

① 鸭肉洗净切块；干辣椒切段；姜、蒜切末。

② 炒锅置火上，放植物油，将鸭肉放入锅内煸一下，再放入姜末、蒜末，多次翻炒，再加入干辣椒段和花生仁，不停翻炒，放入酱油、精盐、鸡精一起炒，放点水，略炖一下，收汁起锅。

·营养贴士· 此菜具有抗衰老的功效。

·操作要领· 煸炒鸭肉的时候，要先放入肥鸭肉，再放瘦的。

鸭肠

挑选与储存〉

　　如果鸭肠色泽变暗，呈淡绿色或灰绿色，组织软、无韧性、黏液少且异味重，说明质量欠佳，不宜选购。

性味〉性寒，味甘，无毒。

营养成分〉

　　鸭肠含有丰富的蛋白质、B 族维生素、维生素 A、维生素 C 以及钙、铁等微量元素。

食疗功效

　　1.鸭肠对人体的新陈代谢、神经、心脏、消化系统和视觉系统都有良好的保健功效。

　　2.鸭肠内富含蛋白质，可提高人体免疫力。

适宜人群

一般人群均可食用，但由于鸭肠性寒，所以胃寒、便溏者最好不要食用。

麻辣**鸭肠**

主 料 鸭肠 500 克

配 料 豆芽 150 克,葱、姜、蒜各少许,花椒、酱油、辣椒酱、湿淀粉、清汤、料酒、醋、胡椒粉、精盐、植物油、香菜段各适量

· 操作步骤 ·

① 将鸭肠洗净后用开水把鸭肠迅速烫透,捞出散开晾凉,再切成 5 厘米长的段;葱剖开切 2 厘米长的段;姜、蒜切片;豆芽洗净,用热水焯一下,放在盘底。

② 用酱油、湿淀粉、料酒、醋、胡椒粉和清汤兑成汁。

③ 锅烧热注入植物油,先把花椒炸香后捞出,再下入辣椒酱,然后下鸭肠、葱段、姜片、蒜片翻炒,将兑好的汁倒入,待汁烧开时,放入精盐再翻炒几下,撒上香菜段,盛出放在豆芽上即可。

· 营养贴士 · 本菜具有消脂通便、清热解毒、提高免疫力等功效。

干烧**鸭肠**

主 料 鲜鸭肠 500 克,猪五花肉 30 克

配 料 干辣椒 10 克,花生油、黄酒、辣椒油、花椒油、豆豉、大葱、精盐、味精、白糖各适量

· 操作步骤 ·

① 鸭肠洗净,放热水里,焯至变色时捞出晾凉,切成小段后待用。

② 五花肉切丁;干辣椒切条,大葱对半剖开,然后切段。

③ 炒锅中倒入花生油烧热,放入辣椒油、干辣椒、大葱、豆豉一起炒至出香味,下入五花肉,烹入黄酒一起炒香。

④ 将准备好的鸭肠放入锅中,加入精盐、味精、白糖,烧 5 分钟左右出锅盛盘,最后滴入花椒油即可。

· 营养贴士 · 鸭肠富含蛋白质、B 族维生素、维生素 C 和钙、铁等营养元素,对人体新陈代谢及神经、视觉的维护都有良好的作用。

鸡蛋

蛋壳上附着一层霜状粉末、蛋壳颜色鲜亮、气孔明显的是鲜蛋。陈蛋正好与此相反，并有油腻感。

性味 〉 性平，味甘。

营养成分 〉

鸡蛋含有的营养元素非常丰富，包括蛋白质，脂肪，氨基酸，钾、钠、镁等微量元素以及维生素 A、维生素 D 和 B 族维生素。鸡蛋的脂肪多集中在蛋黄中，且多为不饱和脂肪酸。

食疗功效

1. 鸡蛋黄中的卵磷脂、甘油三酯、胆固醇和卵黄素，对神经系统和身体发育有很大的促进作用。卵磷脂被人体消化后，可释放出胆碱，胆碱可改善人的记忆力。

2. 鸡蛋中的蛋白质对肝脏组织损伤具有修复作用。蛋黄中的卵磷脂可促进肝细胞再生，还可提高人体血浆蛋白量，增强肌体的代谢功能和免疫功能。

3. 美国营养学家和医学工作者用鸡蛋来防治动脉粥样硬化，获得了出人意料的效果，他们从鸡蛋、核桃、猪肝中提取卵磷脂，每天给心血管病患者吃 4~6 汤匙，3 个月后，患者的血清胆固醇显著下降，获得了令人满意的效果。

适宜人群

鸡蛋是婴幼儿、孕产妇以及患有体质虚弱、营养不良、贫血等症状的患者的理想食品，但患有肝炎、肾炎、胆囊炎以及胆石症的人不宜食用。

红椒**炒双蛋**

主 料 红辣椒 2 个，红柿子椒 1 个，松花蛋、鲜鸡蛋各 2 个

配 料 油 20 克，鸡精 1 克，精盐 5 克，葱花 5 克

·操作步骤·

① 松花蛋切块；红辣椒切成段；红柿子椒切丁；鲜鸡蛋打到碗中，用筷子朝一个方向打散。

② 坐锅烧油，将搅拌均匀的蛋液倒入锅里，大火炒至蛋液凝固，用铲子铲碎，倒入红辣椒段、松花蛋，放入精盐、鸡精，翻炒均匀，撒上红柿子椒丁和葱花即可出锅。

·营养贴士· 此菜具有养颜、抗衰老的功效。

·操作要领· 打散鸡蛋的时候要沿着相同的方向，加入一点精盐，会更容易打散。

香辣 金钱蛋

主 料 鸡蛋 5 个

配 料 泡红椒、干辣椒各 10 克，精盐 4 克，酱油 3 克，植物油 10 克，葱花、淀粉、香油各适量

·操作步骤·

① 鸡蛋煮熟，放凉后剥壳切成片；泡红椒、干辣椒切成碎末。

② 将鸡蛋片两面均粘少许淀粉，然后放入热油中，炸至表面金黄。

③ 锅中留底油，放入泡红椒末和干辣椒末爆炒出香味，然后放入炸好的鸡蛋，放精盐、酱油翻炒均匀，出锅前撒葱花，淋香油即可。

·营养贴士· 此菜具有健脾开胃的功效。

·操作要领· 炸鸡蛋时要用中小火，以免炸焦。

鲜美水产

挑选与储存〉

　　要挑选虾体、虾壳完整、密集、外壳清晰鲜明、肌肉紧实、身体有弹性而且体表干燥洁净的鲜虾。一般来说，头部与身体连接紧密的，就比较新鲜。

虾

性味〉性温，味甘，有小毒。

营养成分〉

　　虾营养丰富，富含蛋白质，钙、磷、钠、钾、镁等微量元素以及维生素 A 和氨茶碱等营养元素。

食疗功效

　　1. 虾营养丰富，且肉质松软、易消化，对身体虚弱以及病后需要调养的人是极好的食物。

　　2. 虾中含有的镁对心脏活动具有重要的调节作用，能很好地保护心血管系统，可减少血液中胆固醇含量，防止动脉硬化，同时还能扩张冠状动脉，有利于预防高血压及心肌梗死。

　　3. 虾的通乳作用较强，并且富含磷、钙，对小儿、孕妇尤有滋补功效。

适宜人群

　　一般人群均可食用，尤其适合中老年人、孕妇和心血管病患者食用，但由于虾性温，所以患有皮肤瘙痒症以及阴虚火旺的人不宜食用。虾含有过敏原，所以体质过敏的人最好不要食用。

川味**鲜虾**

 大虾 300 克，青辣椒 1 个，红辣椒 2 个，洋葱半个

 辣椒豆瓣酱、食用油、食盐、味精各适量

 操作步骤

准备所需主材料。	将青辣椒、红辣椒切段；洋葱切成小块；将每只大虾从虾背破开，去除虾线。	锅内放入食用油，油热后放入辣椒豆瓣酱炒香。	锅内放入大虾、青辣椒段、红辣椒段、洋葱块翻炒，至熟后放入食盐、味精调味即可。

 烹饪心得

营养贴士：本菜具有清热解毒、健脾开胃等功效。

操作要领：因为有油炸的过程，所以要多准备一些植物油。

辣蔬菜**虾锅**

主料 虾 200 克，豆腐、香菇、菠菜各 100 克

配料 红辣椒 5 个，葱、姜、蒜、花椒各少许，高汤、精盐、生抽、味精、植物油各适量

·操作步骤·

① 虾处理干净；豆腐切块；菠菜、红辣椒洗净切段；香菇泡发、洗净、去蒂；葱、姜、蒜切末。

② 锅中倒植物油烧热，放入葱末、姜末、蒜末、花椒爆香，倒入虾翻炒至五成熟，放入红辣椒段、菠菜、香菇一起翻炒。

③ 将豆腐放入锅内，加精盐、味精、生抽调味，倒入高汤煮至所有材料全熟即可。

·营养贴士· 菠菜具有补血止血、利五脏、通肠胃、调中气、活血脉、止渴润肠、敛阴润燥、滋阴平肝、助消化的功效。

麻辣**小龙虾**

主料 小龙虾 500 克

配料 生姜、大蒜、香菜、精盐、麻辣酱、鸡精、植物油各适量

·操作步骤·

① 将小龙虾处理干净，生姜、大蒜切末，香菜洗净切段。

② 起锅，倒植物油，放适量的姜末、蒜末，爆香后放入小龙虾，放适量的清水（以没过小龙虾为准）。

③ 放麻辣酱，等汁水收干一些后，放切好的香菜、精盐、鸡精，翻炒均匀，出锅装盘，然后再放点香菜点缀即可。

·营养贴士· 小龙虾具有祛脂降压、通乳生乳、解毒、利尿消肿、补肾虚等功效。

巴蜀香辣虾

主料▶ 活对虾 500 克

配料▶ 鸡蛋液、淀粉、面包糠、精盐、料酒、西芹、大葱、姜末、蒜片、蒜末、干辣椒、八角、桂皮、草果、白蔻、花椒、熟芝麻、花生米（去皮）、海天虾酱、植物油、味精、鸡精各适量

·操作步骤·

① 对虾处理干净，去头留壳，在背上切一刀，去虾线，用精盐、料酒腌 20 分钟后取出，蘸淀粉，再蘸鸡蛋液，再裹上面包糠，用油炸熟待用；西芹、大葱、干辣椒洗净切段。

② 锅中倒植物油烧热，放入八角、桂皮、草果、白蔻、花椒炒香后捞出，再下入干辣椒、葱段、姜末、蒜末和蒜片，依次下入炸熟的虾、西芹来回翻炒。

③ 放入海天虾酱，然后下少许味精、鸡精，继续翻炒至虾身卷曲，颜色变成橙红色，放入花生米翻炒均匀，出锅撒上熟芝麻即可。

·营养贴士· 虾含大量的维生素 B_{12}，同时富含锌、碘和硒，且热量和脂肪含量较低。

·操作要领· 此菜品无须下盐，因为豆瓣里有盐。

薯片香辣虾

主 料 基围虾 500 克

配 料 红薯、葱、姜、干辣椒、豆瓣酱(辣油)、
老抽、料酒、食盐、植物油各适量

·操作步骤·

① 基围虾洗净去须、去虾线；红薯去皮并
切成片；葱切花；干辣椒切段；姜切末。

② 锅内倒植物油（多放点）烧至七成热，
放入虾炸至变色卷曲后捞出沥油备用。

③ 把红薯片放入植物油中，炸至金黄，捞

出沥油备用。

④ 锅内留适量植物油，烧至五成热，放入
豆瓣酱，划开炒香，放入葱、姜、干辣
椒段炒香。

⑤ 倒入提前炸好的红薯片和虾，再放入料
酒、老抽和食盐翻炒均匀即可。

·营养贴士· 基围虾肉质松软、易消化，
对身体虚弱以及病后需要调
养的人是极好的食物。

·操作要领· 可以用土豆代替红薯。

鳝鱼

挑选与储存

购买鳝鱼时一定不要挑选太粗壮的，长得太大的鳝鱼肉质老，而且也有可能是使用激素太多造成的。

性味 性温，味甘。

营养成分

鳝鱼含有丰富的蛋白质以及钙、磷、铁等微量元素，还含有丰富的维生素 A、硫胺素、核黄素、烟酸、抗坏血酸、卵磷脂和 DHA 等营养成分。

食疗功效

1.鳝鱼中含有丰富的 DHA 和卵磷脂，经常摄取卵磷脂，记忆力可以提高20%。故食用鳝鱼肉有补脑健身的功效。

2.有增进视力、促进皮膜的新陈代谢的功效。

3.它所含的特种物质"鳝鱼素"，能降血糖和调节血糖，对糖尿病有较好的治疗作用，加之所含脂肪极少，因而是糖尿病患者的理想食品。

适宜人群

一般人群均可食用，尤其适合身体虚弱、气血不足、糖尿病、高血脂、动脉硬化等患者食用，但由于鳝鱼性温，所以皮肤瘙痒、支气管哮喘等患者不宜食用。

辣椒炒鳝片

主料 鳝鱼 500 克

配料 青辣椒、红辣椒各 5 个，姜、蒜各
少许，生抽、料酒、精盐、植物油
各适量

·操作步骤·

① 鳝鱼处理干净切片，加入精盐、料酒拌匀，
腌渍 10 分钟；青辣椒、红辣椒洗净切片；
姜、蒜切末。

② 锅中倒植物油烧热，放入姜、蒜爆香，
加入鳝鱼片爆炒至八成熟。

③ 加入青辣椒、红辣椒、生抽翻炒至辣椒
变软，最后放入精盐调味即可。

·营养贴士· 本菜具有温阳健脾、通血脉等功
效。

麻辣鳝丝

主料 黄鳝 500 克

配料 辣椒粉、熟芝麻、花椒粉、精盐、
酱油、植物油、淀粉各适量

·操作步骤·

① 黄鳝去头，将鱼身片开，去骨切段再切丝，
抹上酱油、精盐，裹上淀粉腌 10 分钟。

② 锅中倒植物油烧热，将腌好的鳝丝放入
锅里，炸至两面金黄时捞出控油，摆入
盘中。

③ 在炸好的鳝丝上面撒上辣椒粉、花椒粉
和熟芝麻，拌匀即可。

·营养贴士· 黄鳝可益气血、补肝肾、强筋骨、
祛风湿。

锅巴鳝鱼

主 料 米饭1碗，活鳝鱼适量

配 料 青椒、红椒各1个，花椒5粒，姜末、蒜泥各少许，精盐、红油、鸡精、植物油各适量

· 操作步骤 ·

① 将米饭平摊在烤盘中，放入阳光下晾晒成小块，放入油锅中炸至金黄色后捞出备用；青椒、红椒切条。

② 鳝鱼处理干净后，切段，用盐水泡一会儿，待用。

③ 锅中倒植物油烧热，放入姜末、蒜泥、花椒炒香，倒入红油、鳝鱼、青椒、红椒一起炒至鳝鱼肉熟烂，加入精盐、鸡精调味。

④ 将锅巴放入准备好的碗中，再将炒好的鳝鱼倒入装锅巴的碗里即可。

· 营养贴士 · 黄鳝肉性温、味甘，有补中益血、治虚损的功效，民间用它入药，治疗虚劳咳嗽、湿热身痒、痔瘘、肠风痔漏、耳聋等症。

· 操作要领 · 因为鳝鱼已经用盐水泡过，所以炒的时候不用加太多的精盐。

蜀香烧鳝鱼

主料 鳝鱼 500 克

配料 油菜 3 棵，大葱、姜、蒜、生抽、辣椒油、熟芝麻、精盐、味精、植物油各适量

· 操作步骤 ·

① 鳝鱼洗净，去除内脏切段；油菜洗净，对切成两半，用热水焯熟，摆在盘底；大葱切段；姜、蒜切末。

② 锅中倒植物油烧热，放入葱段、姜末、蒜末爆香，倒入鳝鱼段翻炒至八成熟时，加入生抽、辣椒油、精盐、味精焖一会儿，等鱼肉完全熟透后，出锅装在摆有油菜的盘子里，撒上熟芝麻即可。

营养贴士 鳝鱼中含有丰富的 DHA 和卵磷脂，它是构成人体各器官组织细胞膜的主要成分，而且是脑细胞不可缺少的营养成分。

操作要领 鳝鱼一定要处理干净，不然不卫生。

蒜子烧鳝段

主料 鳝鱼 500 克

配料 青椒 2 个，火腿 1 根，姜末 8 克，酱油 8 克，胡椒粉 5 克，湿淀粉 20 克，精盐少许，菜籽油、大蒜各适量

·操作步骤·

① 鳝鱼剖开，去内脏、骨及头尾，洗净，切成长约 4 厘米的段；大蒜剥去皮洗净；青椒、火腿切细条。

② 锅内倒菜籽油烧至七成热，放入鳝鱼段，加少许精盐煸炒，煸至鳝鱼段不粘锅、吐油时铲起。

③ 锅内另倒菜籽油烧至五成热，下青椒条、火腿条煸至断生，同时把鳝鱼段、大蒜、姜末、酱油、胡椒粉下锅，用中火慢烧。

④ 下湿淀粉收浓汁，亮油，翻匀起锅入盘即可。

·营养贴士· 大蒜不仅能解毒杀虫、消肿止痛、止泻止痢、治肺、驱虫，还能温脾暖胃。

·操作要领· 步骤③中用中火慢烧的时间以大蒜烧熟为度。

鲫鱼

挑选与储存

新鲜鲫鱼眼睛略凸、眼球黑白分明，不新鲜的则眼睛凹陷、眼球浑浊。身体扁平、色泽偏白的鲫鱼肉质比较鲜嫩，不宜买体型过大、颜色发黑的。

性味 性微温，味甘。

营养成分

鲫鱼富含多种营养成分，包括蛋白质、糖类、微量元素、维生素 A、B 族维生素和烟酸等。鲫鱼含有的氨基酸种类比较全面，易于被人体吸收利用。鲫鱼含脂肪较少，且多为不饱和脂肪酸，糖类多由多糖组成。微量元素主要有钙、磷、钾、镁等。

食疗功效

1.鲫鱼所含的蛋白质质优，氨基酸种类比较齐全，易于消化吸收，是肝肾疾病、心脑血管疾病患者的良好蛋白质来源，常食可增强抗病能力。

2.鲫鱼有健脾利湿、和中开胃、活血通络、温中下气的功效，对脾胃虚弱、水肿、溃疡、气管炎、哮喘、糖尿病有很好的滋补食疗作用。产后妇女炖食鲫鱼汤，可补虚通乳。

适宜人群

一般人群均可食用，尤其适合肝病、肾病、脾胃虚弱等患者食用，但由于鲫鱼性微温，所以感冒发热者不宜多食。

豆瓣**鲫鱼**

主料 鲫鱼 600 克

配料 葱花 50 克，蒜汁 40 克，豆瓣酱 40 克，糖 10 克，酱油、醋各 10 克，红辣椒末 15 克，水淀粉 15 克，黄酒 25 克，精盐 2 克，高汤 300 克，植物油适量

·操作步骤·

① 将鱼处理干净，在鱼身两面各切两刀，抹上黄酒、精盐腌渍。

② 炒锅上旺火，下植物油烧至七成热，下鱼稍炸后捞起。

③ 锅内倒入植物油，放豆瓣酱将油炒至红色，放鱼和高汤，移至小火上，再加酱油、糖、红辣椒末、精盐、醋、蒜汁，将鱼烧熟，盛入盘中。

④ 将锅里的原汁烧沸，放入水淀粉勾芡，淋在鱼身上，撒葱花即可。

·营养贴士· 鲫鱼具有健脾、开胃、益气、利水、通乳、除湿的功效。

·操作要领· 切鱼的时候，深度要直达鱼骨才可以。

草鱼

挑选与储存

眼睛饱满凸出、角膜透明清亮，鳃丝呈鲜红色，黏液透明，具有淡水鱼的土腥味的是新鲜鱼。

性味 性温，味甘，无毒。

营养成分

草鱼含有丰富的蛋白质、脂肪（多由不饱和脂肪酸组成），钙、磷、钾、镁、硒等微量元素以及 B 族维生素。

食疗功效

1. 草鱼含有丰富的不饱和脂肪酸，对血液循环有利，是心血管病患者的良好食材。

2. 草鱼含有丰富的硒元素，经常食用有抗衰老、养颜的功效，而且对肿瘤也有一定的防治作用。

3. 对于身体瘦弱、食欲不振的人来说，草鱼肉嫩而不腻，可以开胃、滋补。

适宜人群

一般人群均可食用，尤其适合虚劳、风虚、头痛、食欲不振、心血管病等患者食用。

味道**飘香鱼**

主料 草鱼片500克

配料 蛋清15克,精盐、料酒、生粉、豆瓣、姜、蒜、葱白、熟芝麻、花椒粒、辣椒粉、红椒丝、干红辣椒段、黄豆芽、植物油各适量

·操作步骤·

① 将草鱼片用少许精盐、料酒、生粉和蛋清抓匀,腌15分钟;葱白切丝;姜、蒜切末。

② 锅中烧热水,放入精盐,放入黄豆芽煮熟,捞出铺在一个深盆的底部待用。

③ 锅中倒植物油（多放一点）烧热,放入豆瓣爆香,加姜末、蒜末、部分花椒粒、辣椒粉及部分干红辣椒段以中小火煸炒,炒出红油。

④ 加入开水,烧沸以后,将腌好的鱼片一片片地放入,用筷子拨散,放入红椒丝,待鱼片煮变色以后关火,将鱼片和汤汁一起倒入事先铺好豆芽的深盆中。

⑤ 锅洗净,倒入植物油,烧至五成热,放入剩余的干辣椒段和花椒粒,用小火将其香味炸出来,注意不要炸糊了,辣椒的颜色稍变就关火,将热油浇在鱼片上加点葱丝,撒上熟芝麻即可。

·营养贴士· 草鱼含有丰富的硒元素,经常食用有抗衰老、养颜的功效,而且对肿瘤也有一定的防治作用。

·操作要领· 鱼一定要提前腌一下,这样会更加入味。

豆瓣烧草鱼

主料 草鱼 500 克

配料 精盐 3 克，黄豆 15 克，白糖 5 克，米醋、料酒、酱油、红辣椒、葱、姜、蒜、植物油各适量

· 操作步骤 ·

① 鱼去除内脏后洗净，在鱼身两侧划上两刀，用料酒和精盐腌 5 分钟，锅中的植物油烧至八成热时，放入鱼双面煎成金黄色后捞出备用；葱切成末备用；红辣椒、葱、姜、蒜切末备用；黄豆提前泡发洗净备用。

② 将锅中的植物油烧至五成热，放入姜末、蒜末爆香，放入红辣椒煸炒一下，加黄豆，倒适量清水，再加酱油、米醋、精盐、白糖把酱汁调匀，放入煎好的草鱼，换成小火将汤汁收浓，盛出装盘，撒上葱末点缀即成。

· 营养贴士 · 草鱼具有养颜、抗衰老的功效。

砂锅酸菜鱼

主料 草鱼肉 500 克，酸菜 300 克

配料 番茄 4 个，泡椒、姜、蒜、葱、浓白汤、精盐、鸡精、味精、红油、熟猪油、胡椒粉各适量

· 操作步骤 ·

① 番茄洗净切成片；草鱼肉处理干净，切成大片，焯沸水；葱切花；姜切片；泡椒切段。

② 酸菜切碎，用熟猪油煸香，装入砂锅，加入浓白汤、番茄片、泡椒煮沸，用精盐、鸡精、味精调味后铺上草鱼片，上面撒上蒜末、葱花、姜末，淋上加热的红油，撒上胡椒粉即可。

· 营养贴士 · 草鱼含有丰富的不饱和脂肪酸，对血液循环有利，是心血管病患者的良好食物。

老干妈**回锅鱼**

主料 草鱼 750 克

配料 植物油 500 克(实耗 75 克)、
老干妈豆豉、鲜汤各 50 克，
红椒、青椒各 20 克，鸡蛋
清适量，精盐 3 克，味精
4 克，水淀粉、料酒各 10
克，辣椒粉 5 克，香油 5 克，
葱末 10 克，蒜末 25 克，
姜末 5 克

·操作步骤·

① 将草鱼去骨取肉，切成片，用葱末、姜末、
料酒腌渍 10 分钟，去除葱、姜，用鸡蛋
清、水淀粉、精盐、味精抓匀上浆；青椒、
红椒去蒂，切成小丁。

② 净锅置旺火上，放入植物油，烧至六成
热时下入鱼片，炸成金黄色，倒入漏勺
沥油。

③ 锅内留底油，下入蒜末、青椒、红椒、

老干妈豆豉、辣椒粉炒香，再下入草鱼
片，调入少许鲜汤，加入精盐、味精，
稍焖入味，用水淀粉勾芡，淋香油，出
锅装入盘内即可。

·营养贴士· 此菜具有开胃、健脑、抗衰
老的功效。

·操作要领· 草鱼片要切得薄厚均匀。

刁子鱼

挑选与储存

　　刁子鱼体细长，近似扁筒状。头小且呈锥状；口较小，口裂平直，无须；背鳍无硬刺，其起点与腹鳍相对；尾鳍分叉很深，两叶末端均尖；偶鳍和臀鳍呈橘黄色，尾鳍呈灰黑色。

性味 性温，味甘，无毒。

营养成分

　　刁子鱼营养十分丰富，其中蛋白质，叶酸以及维生素 B_2、维生素 B_{12} 等 B 族维生素含量较高。

食疗功效

　　1.刁子鱼具有滋补健胃、利水消肿、通乳、清热解毒、止嗽下气的功效，对各种水肿、腹胀、少尿、黄疸、乳汁不通皆有效。

　　2.刁子鱼富含蛋白质、维生素以及叶酸，经常食用可以通水利尿、补肾益脑。

适宜人群

　　刁子鱼适合产妇、婴幼儿、老人以及更年期妇女食用，但胃炎、肠炎、消化性溃疡、痢疾等患者不宜食用。

干锅**滋小鱼**

主 料 小刁子鱼 500 克

配 料 油、剁椒、蒜末、姜末、生抽、醋、料酒、精盐、糖各适量

·操作步骤·

① 小鱼处理干净后，内外抹少量精盐，腌 2~3 小时，腌的时候上面用重一点的东西压一下。

② 锅中放少量油，小火把鱼煎到两面金黄，盛出，再放少量油，爆香蒜末、姜末和剁椒。

③ 鱼再入锅，加适量生抽、醋、料酒、糖，等调料用大火收汁，起锅。

·营养贴士· 刁子鱼肉味甘、性温，有开胃、健脾、利水、消水肿之功效，对治疗水肿、产后抽筋等症有一定疗效。

·操作要领· 小鱼一定要提前腌渍 2~3 小时。

带鱼

营养成分〉

　　带鱼含有丰富的脂肪，多为不饱和脂肪酸，还含有蛋白质、维生素 A、钙、磷、铁、碘等营养元素。带鱼的鱼鳞也含有不饱和脂肪酸，还有纤维性物质和 6- 硫代鸟嘌呤等成分。

食疗功效

1. 带鱼的脂肪多为不饱和脂肪酸，具有降低胆固醇的作用。

2. 带鱼含有 6- 硫代鸟嘌呤，对辅助治疗白血病、胃癌、淋巴肿瘤等有益。

3. 经常食用带鱼，具有补益五脏的功效。

4. 常吃带鱼还有养肝补血、泽肤养发、健美的功效。

适宜人群

　　带鱼非常适合患有脾胃虚弱，消化不良，皮肤干燥，头晕、气短、乏力和营养不良等体虚症状的人食用。由于带鱼含有大量嘌呤物质，所以痛风病患者最好不要食用。

泡菜烧带鱼

主料 冻带鱼 500 克

配料 泡青菜 50 克，红尖椒、黄尖椒各
1 个，酱油 6 克，精盐、味精、胡
椒粉各 3 克，姜、蒜各 15 克，醋、
绍酒各 5 克，鲜汤 100 克，葱 20 克，
水淀粉 30 克，胡萝卜、芹菜各少许，
熟菜油适量

· 操作步骤 ·

① 带鱼用水清洗干净，去头、尾、鳍、内脏后，
再清洗一次，斩成长约 3 厘米的段；红
尖椒、黄尖椒去蒂、去籽后切段；葱切
斜段；泡青菜洗净切段；姜、蒜均切薄片；
胡萝卜洗净切丁；芹菜洗净切段。

② 锅置旺火上，放熟菜油烧至七成热，将
带鱼下锅炸至呈浅黄色捞起。

③ 锅中留底油，放红尖椒、黄尖椒、泡青菜、
胡萝卜丁、芹菜段、姜片、蒜片炒香，
加鲜汤，下带鱼，加精盐、绍酒、酱油、
胡椒粉、味精，煮沸至入味，加入少许醋，
将带鱼捡出，放入盘中，锅内再淋入用
水淀粉勾成的芡汁，待汁浓后加葱段，
将汁淋在带鱼上即可。

· 营养贴士 · 带鱼有补脾、益气、暖胃、
养肝、泽肤、养血、健美的
功效。

· 操作要领 · 泡青菜一般都比较咸，在切
段前应先洗一次。

鳕鱼

挑选与储存〉

　　正常的鳕鱼外形是椭圆形的，纹路清晰、鳞片分明。鳕鱼片通常不太容易存放，若要存放，一天内就要放在冷藏室，两天以上就放在冷冻室，存放的时间越久就越不新鲜，深海鱼最好要吃新鲜的。

性味〉性微温，味甘。

营养成分〉

　　鳕鱼富含蛋白质、维生素 A、维生素 D、维生素 E 以及钙、镁、硒等微量元素。鳕鱼还含有丰富的 DHA 和 DPA 等不饱和脂肪酸，有利于维持神经系统细胞生长。

食疗功效

　　1.鳕鱼含丰富蛋白质、维生素 A、维生素 D、钙、镁、硒等营养元素，营养丰富、肉味甘美。

　　2.鳕鱼肉中富含丰富的镁元素，对心血管系统有很好的保护作用，有利于预防高血压、心肌梗死等心血管疾病。

适宜人群

　　一般人群均可食用，尤其适宜夜盲症、干眼症、心血管疾病、骨质疏松症患者。

香菇火腿蒸鳕鱼

主料 鳕鱼1块，水发香菇2朵，火腿10克

配料 葱1根，姜、料酒、白糖、胡椒粉、蒸鱼豉油、精盐各适量，红椒碎少许

·操作步骤·

① 将鳕鱼块冲净，用厨房纸巾充分吸干鳕鱼表面的水分；水发香菇洗净切细丝；火腿切成细丝；姜切片；葱一半切成段，一半切葱花。

② 将蒸鱼豉油、料酒、白糖、精盐和胡椒粉倒入一个小碗，调成味汁。

③ 取一个可耐高温的盘子，铺上一层香菇丝和火腿丝，放入鳕鱼块，再倒入调好的味汁，最后放上姜片和葱段备用。

④ 蒸锅内倒入清水，将盛放鳕鱼的盘子放在蒸架上，盖上锅盖，大火加热至沸腾后，继续蒸5分钟，捡去葱段和姜片，撒上少许葱花和红椒碎点缀即可。

·营养贴士· 鳕鱼不仅富含普通鱼油所具有的DHA、DPA，还含有人体所必需的维生素A、维生素D、维生素E和其他多种维生素。

·操作要领· 如果买不到蒸鱼豉油，用等量的蚝油代替也可。

黄鱼

挑选与储存 〉

新鲜的黄鱼鱼嘴比较干净，不新鲜的鱼嘴里会比较脏，选购时可捏开嘴看一下。

性味 〉性平，味甘、咸。

营养成分 〉

黄鱼富含蛋白质，脂肪，钙、磷、铁、硒等微量元素以及硫胺素、核黄素和烟酸等营养物质。

食疗功效

1. 黄鱼能清除人体代谢产生的自由基，能延缓衰老并对各种癌症有防治功效。

2. 黄鱼有健脾开胃、安神止痢、益气填精之功效，对贫血、失眠、头晕、食欲不振及女性产后体虚有良好的疗效。

3. 常吃黄鱼对人体有很好的补益作用，对体质虚弱者和中老年人来说，食用黄鱼会收到很好的食疗效果。

适宜人群

一般人群均可食用，尤其适合贫血、失眠、头晕、食欲不振以及产后体虚等患者食用，但由于黄鱼是发物，所以哮喘病患者以及过敏体质的人不宜食用。

白辣椒火焙鱼

主料▶ 小黄鱼 500 克

配料▶ 青辣椒、红辣椒各 10 克，植物油、
精盐、蒜、老干妈酱、泡椒各适量

·操作步骤·

① 小黄鱼洗净沥干水，因为有的小黄鱼的
盐味过重，所以要用水泡一会儿，使咸
淡适中。

② 泡椒切段；青辣椒、红辣椒切成小圆圈；
蒜切成碎末状。

③ 锅中放植物油烧热，放入小黄鱼炸至金
黄色、变硬后捞出备用。

④ 另取锅，放入油，烧至五成热时放入青
辣椒、红辣椒、蒜末爆香，放入老干妈酱，
待青辣椒、红辣椒炸透后放入小黄鱼一
同翻炒 2 分钟左右，放精盐，待味道融
合到一起即可起锅。

·营养贴士· 小黄鱼煎炸后，鱼肉中的钙、钾、
镁含量显著提高。

双椒小黄鱼

主料▶ 小黄鱼 1 条，黄柿子椒 1 个，红
尖椒 3 个

配料▶ 姜、蒜各少许，精盐、味精、生抽、
淀粉、植物油、香菜各适量

·操作步骤·

① 将小黄鱼处理干净后，用精盐腌一会儿，
裹上一层薄薄的淀粉；黄柿子椒、红尖
椒洗净切小片；香菜去叶，洗净，切小
段；姜、蒜切片。

② 锅中倒植物油烧热，放入小黄鱼炸至两
面金黄时捞起；锅内留底油，放姜片、
蒜片入锅内爆香，加入黄柿子椒、红尖
椒翻炒，最后加入生抽、精盐、味精翻炒，
至入味后盛出淋在小黄鱼身上，再撒上
香菜段即可。

·营养贴士· 因为柿子椒和尖椒比较嫩，所
以翻炒时要迅速，不然变颜色
了就不好看了。

119

章鱼

挑选与储存 >

以体形完整、色泽鲜明、肥大、爪粗壮（即肉肥厚），体色柿红带粉白、有香味、足够干且淡口的为佳品，色泽紫红的为次品。

性味 > 性平，味甘、咸，无毒。

营养成分 >

章鱼含有丰富的蛋白质，糖类，钙、磷、铁、锌、硒等微量元素以及维生素 C、维生素 E 和 B 族维生素。章鱼中还含有一种相对于其他肉类来说高很多的营养物质——牛磺酸，是一种非蛋白氨基酸。

食疗功效

1. 章鱼性平，味甘、咸，入肝、脾、肾经，有补血益气、治痈疽肿毒的作用。

2. 章鱼含有丰富的蛋白质、矿物质等营养元素，并富含具有抗疲劳、抗衰老、能延长人类寿命等重要功效的保健因子——天然牛磺酸。

适宜人群

一般人群均可食用，尤其适合体质虚弱、气血不足、营养不良的人食用；另外，产妇如乳汁不足也可食用。但患有荨麻疹以及有过敏史的人不宜食用章鱼。

芝麻**章鱼**

主 料▶ 章鱼 500 克

配 料▶ 姜、葱、香蒜蓉、泰
式甜辣酱、酱油、熟
芝麻、油各适量

·操作步骤·

① 章鱼洗净，放在烧开的姜、葱水中焯熟，
捞起沥干水。

② 锅中倒油烧热，放香蒜蓉爆香，倒入泰
式甜辣酱、水、酱油，煮滚后关火，然
后将汁倒在鱼中，加熟芝麻拌匀后放一
段时间即可食用。

·营养贴士· 章鱼含有丰富的蛋白质、矿
物质等营养元素，并且富
含抗疲劳、抗衰老、能延
长人类寿命等功效的重要
保健因子——天然牛磺酸。

·操作要领· 最后放一段时间，是为了入
味，这样更好吃。

鱼鳔

挑选与储存

通常要立即食用的话最好选择老鱼鳔，老鱼鳔的质量要远远好于新鱼鳔，老鱼鳔的颜色较黄，看肉质可分为暗黄、金黄等，并且没有腥味。新鱼鳔的颜色比较白，并且有很重的腥味。

性味 性平，味甘。

营养成分

鱼鳔富含蛋白质、脂肪、钙、磷、铁等多种营养物质，而且维生素 A 的含量在鱼类产品中位居前列。

食疗功效

1.鱼鳔是一种富有黏性的物质，含有丰富的蛋白质、维生素、矿物质等营养成分，因此，鱼鳔具有补肾虚、健腰膝、养阴益精及滋润养颜的功效，对于体质虚弱、真阴亏损、精神过劳、房劳过度的人士，作为进补食品最为合适。

2.鱼鳔还能增强胃肠道的消化吸收功能，提高食欲，利于防治食欲不振、厌食、消化不良、腹胀、便秘等疾病。

3.鱼鳔还能增强肌肉的韧性和弹力，增强体力，消除疲劳。

适宜人群

鱼鳔适合肾虚体弱、食欲不振、消化不良等患者食用，但由于鱼鳔味厚滋腻，所以舌苔厚腻以及感冒患者不宜食用。

干锅鱼杂

主料 鱼子 300 克，鱼鳔、鱼白各 100 克，豆腐 200 克

配料 干辣椒 20 克，香菜少许，葱、姜、蒜、精盐、豆瓣酱、植物油、清汤各适量

·操作步骤·

① 鱼子、鱼鳔、鱼白洗净；豆腐切块，放入开水中余烫 1 分钟后捞出；香菜切段；葱、姜、蒜切成末。

② 锅中倒植物油烧热，将鱼子、鱼鳔、鱼白分别放入锅中，再放入葱、姜、蒜、干辣椒一起煎炒，放入豆腐块略翻炒，加清汤少许，分别放入精盐、豆瓣酱，烹制 3 分钟后，盛入干锅中放入香菜点缀，即可食用。

·营养贴士· 本菜具有补肾益精、滋阴养血、健脑益智等功效。

·操作要领· 煎炒鱼子时应用小火，避免粘锅或搅碎。

石锅烧鱼杂

主料 鱼子、鱼肠、鱼鳔各
适量

配料 葱、姜、蒜、干辣椒、
鸡蛋液、油菜、精盐、
料酒、酱油、高汤、白
糖、胡椒粉、淀粉、鸡精、
色拉油、明油各适量

·操作步骤·

① 鱼子洗净，加鸡蛋液、淀粉、精盐、料
  酒拌匀，放平底锅中焙成鱼子饼，切成
  菱形块，再用文油炸至微黄；葱切花；姜、
  蒜分别切片；干辣椒切段；油菜去根洗净。

② 鱼肠、鱼鳔放沸水锅中焯一下。

③ 锅中加色拉油，放入葱花、姜片、蒜片、
  辣椒段，炒出香味后放鱼杂，加料酒、精
  盐、酱油、胡椒粉、白糖、高汤，用小火
  烧入味，放鸡精调味，勾薄芡，淋明油。

④ 石锅烧热，刷少许色拉油，油菜焯水后
  放入锅底，将烧好的鱼杂盛在上面，撒
  上余下的葱花即可。

·营养贴士· 鱼子有大量的蛋白质、钙、铁、
维生素，是补充人类大脑和
骨髓营养的良好食物来源。

·操作要领· 在石锅上面刷少许色拉油，
可防止粘锅。

鱼丸

挑选与储存〉

　　选用草、青、鲤鱼作为原料加工鱼丸，要求鱼要达 1.5 千克以上，肉质厚实，鲜度较好。鱼丸需要低温贮藏。

性味〉性平，味甘。

营养成分〉

　　草鱼含有丰富的蛋白质、不饱和脂肪酸、钙、磷、钾、镁、硒、B 族维生素等营养元素；青鱼富含蛋白质，核酸，钙、磷、铁、锌、硒、碘等微量元素和 B 族维生素；鲤鱼富含蛋白质、不饱和脂肪酸、维生素 A、维生素 D 以及各种矿物质等营养元素。

食疗功效

　　1.鱼肉营养丰富，具有滋补健胃、利水消肿、通乳、清热解毒、止嗽下气的功效。

　　2.鱼肉含有丰富的镁元素，对心血管系统有很好的保护作用，有利于预防高血压、心肌梗死等心血管疾病。

　　3.鱼肉中富含维生素 A、铁、钙、磷等，常吃鱼还有养肝补血、泽肤、养发、健美的功效。

适宜人群

　　一般人群均可食用，草鱼适合虚劳、头痛、食欲不振的患者；青鱼与鲤鱼适合肝炎、肾炎、脚气等患者。

酱焖鱼丸

主料 鱼丸 500 克

配料 杭椒 100 克，芹菜少许，豆瓣酱、
水淀粉、植物油各适量

·操作步骤·

① 杭椒洗净切段；芹菜洗净切段。

② 炒锅中倒植物油烧热，放杭椒段、豆瓣
酱炒香，放入芹菜翻炒。

③ 在锅中加少许水，水开后放入鱼丸，小
火滚透，然后用水淀粉勾薄芡出锅。

·营养贴士· 鱼丸营养丰富，有滋补健胃、
利水消肿等功效。

·操作要领· 因为豆瓣酱和鱼丸都带有咸
味，所以一般不放盐，但
也可以根据个人的口味酌
情添加。

螺肉

挑选与储存

　　新鲜的螺即使螺肉外露，表面也会呈扭曲状态，轻轻一碰，小尖就会缩回去。若螺肉伸出螺壳、露出一个小尖、一动不动，表示螺已死去。要用冷水清洗，挑出死去的螺，之后装塑料袋里放进冰箱的保鲜室，洒点水以保持湿润。

性味 性寒，味甘、咸。

营养成分

　　螺肉富含蛋白质、维生素 A，还含有丰富的铁、钙等微量元素。

食疗功效

　　1. 螺肉含有丰富的维生素 A、蛋白质、铁和钙，对目赤、黄疸、脚气、痔疮等疾病有食疗作用。

　　2. 食用田螺对狐臭有显著疗效。

　　3. 螺肉有醒酒的作用。

适宜人群

　　一般人群均可食用，尤其适合患有黄疸、水肿、痔疮、脚气等症的患者，但由于螺肉性寒，所以脾胃虚寒、便溏腹泻等患者以及女性经期或产后不宜食用。

温拌海螺

主 料▶ 海螺 500 克

配 料▶ 青椒、红椒、香芹各
30 克，白醋、料酒
各 15 克，姜汁、蒜末、
葱花各适量，花椒油
5 克，食盐 5 克

·操作步骤·

① 海螺洗净，放入蒸锅蒸 10 分钟，将螺肉
取出，去除暗色的内脏部位，切片。

② 青椒、红椒、香芹洗净，切粒，放入碗
中调入白醋、姜汁、蒜末、葱花、花椒油、
食盐、料酒，拌匀。

③ 螺肉放入碗内，淋入调好的汁，拌匀即可。

·营养贴士· 螺肉富含蛋白蛋、维生素和
人体必需的氨基酸和微量元
素，是典型的高蛋白、低脂肪、
高钙质的天然动物性保健食
品。

·操作要领· 螺肉先蒸熟，取肉更方便。

辣炒海螺肉

主料 鲜海螺肉300克，红辣椒适量

配料 葱末、姜末、蒜末、精盐、味精、酱油、料酒、蚝油、植物油各适量

·操作步骤·

① 海螺肉洗净切片；红辣椒洗净切片。

② 锅中放植物油烧热，用葱末、姜末、蒜末炝锅，倒入蚝油，放入红辣椒煸炒，放海螺肉煸炒，依次放料酒、精盐、酱油煸炒，最后放味精煸炒均匀出锅即可。

·营养贴士· 海螺肉制酸、化痰、软坚、止痉，适用于胃痛、吐酸、淋巴结结核、手足拘挛。

·操作要领· 海螺肉入锅时要大火爆炒。

牛蛙

挑选与储存

　　牛蛙鲜活时，你触碰它的头，它的下巴会弯曲勾进来的是最好的，这表明它有生理反应，是健康的牛蛙。

　　购买时要尽量避免买到生病的牛蛙，牛蛙生病的状态主要表现为红腿病，即大腿边上红肿、肥大。此外就是眼睛缺失，嘴巴缺角等。

性味　性温，味甘。

营养成分

　　牛蛙富含蛋白质，脂肪含量较少，是一种高蛋白、低脂肪、胆固醇极低的食品。

食疗功效

　　1.牛蛙有健胃消食的效果，经常食用牛蛙，有助于缓解胃酸过多等症状。

　　2.牛蛙有很好的壮阳功效，经常食用，对于肾虚、早泄等有很好的治疗效果。

　　3.牛蛙还有解毒养颜的功效，经常食用牛蛙，可以排除体内多余的毒素，更具美白肌肤之功效。

适宜人群

　　一般人群均可食用，尤其适合胃酸过多、肾虚等患者食用。

干锅**牛蛙**

主料 牛蛙 1 只，干红辣椒 20 克，姜 30 克

配料 葱花、酱油、食用油、食盐、味精各适量

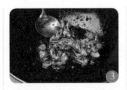

准备所需主材料。

将牛蛙去头去皮洗净，然后切块；将干红辣椒切段；将姜切丝，备用。

锅内放入食用油，放入酱油、辣椒段、姜丝和牛蛙翻炒，至熟后加入食盐、味精调味。

出锅后撒上葱花。

操作步骤

烹饪心得

营养贴士：牛蛙的营养十分丰富，是一种高蛋白质、低脂肪、味道鲜美的食品。

操作要领：牛蛙的内脏要摘除掉。

锅巴牛蛙

主料 牛蛙5只，锅巴适量

配料 白糖少许，葱末、姜末、干辣椒段、
料酒、精盐、酱油、鸡精、植物油、
花椒各适量

·操作步骤·

① 将牛蛙去头、去皮、去内脏，清洗干净，
捞出，剁成块；锅巴掰成小块，备用。

② 炒锅中倒植物油烧热，下入葱末、姜末、
干辣椒段、花椒爆香，再倒入牛蛙，倒

入料酒翻炒。

③ 加少许酱油上色，倒入少许水焖煮一下，
加入精盐、白糖、鸡精调味。

④ 倒入锅巴炒匀，即可出锅装盘。

·营养贴士· 牛蛙具有促进人体气血旺盛、
滋阴壮阳、养心安神等功效。

·操作要领· 牛蛙块要切得大小均匀，
调味不宜过咸。

子姜蛙腿

主料 蛙腿 300 克，子姜适量

配料 红辣椒、竹笋、豆瓣酱、花椒、精盐、料酒、味精、泡椒、植物油各适量

·操作步骤·

① 蛙腿洗净，用精盐和料酒腌一下；红辣椒洗净切圈；子姜洗净切条；竹笋去皮，切片，氽水。

② 锅中倒植物油烧热，把蛙腿倒入锅里翻炒一会儿，至水分炒干后捞起。

③ 在锅里放豆瓣酱、泡椒、花椒炒出香味，加水煮开，水煮开后，再把炒好的蛙腿放入锅里煮，再加点精盐。

④ 蛙腿快煮熟时，加入笋片、子姜条、辣椒圈，再煮一小会儿，至蛙腿熟且入味后加点味精就可起锅盛盘了。

·营养贴士· 吃姜能抗衰老，老年人常吃生姜可除"老年斑"。

·操作要领· 最后一次煮的时间不能长，要保持辣椒和子姜的本味。

泡椒**牛蛙**

主 料 牛蛙 1 只，泡椒 1 小碟

配 料 姜丝、蒜片、麻椒、料酒、食用油、食盐、味精各适量

准备所需主材料。

把牛蛙去皮，切成块后放入碗内，用姜丝、麻椒、料酒、食盐腌制半个小时。

锅内放入食用油，油热后放入蒜片、泡椒翻炒片刻。

把腌制好的牛蛙肉放入锅中翻炒，至熟后放入食盐、味精调味即可。

操作步骤

烹 饪 心 得

营养贴士： 牛蛙味道鲜美，营养丰富，蛋白质含量高，是一种高蛋白质、低脂肪、低胆固醇营养食品，具有滋补解毒的功效。

操作要领： 收拾牛蛙时，要去头去皮去内脏。

营养小吃

面粉

优质面粉有股面香味，颜色纯白，干燥不结块；劣质面粉有水分重、发霉、结块等现象。

性味 〉 性凉，味甘。

营养成分 〉

面粉含有丰富的蛋白质、糖类、维生素以及铁、钙、磷、钾、镁等微量元素。

食疗功效

面粉具有养心益肾、健脾厚肠、除热止渴的功效。主治烦热、消渴、泻痢、痈肿、外伤出血及烫伤等症。

适宜人群

一般人群均可食用，尤其适合偏食者。

红油**龙抄手**

主 料▶ 抄手皮 20 张，猪肉馅 175 克

配 料▶ 精盐 5 克，料酒 5 克，鸡粉 3 克，
生粉 20 克，辣椒油、酱油、香油、
葱花、菠菜各适量

·操作步骤·

① 猪肉馅置入碗内，加入精盐、酱油、料酒、
鸡粉、生粉及少许清水拌匀，顺一个方
向打至起胶，腌 15 分钟；菠菜去根，洗净，
放沸水中焯熟，放入碗内。

② 取抄手皮，舀入适量猪肉馅，包成抄手。

③ 取一空碗，加入辣椒油、酱油、香油、
鸡粉，撒入葱花，做成调味汁备用。

④ 锅内加适量水烧开，加入部分调味汁
拌匀，加入精盐，放入抄手以大火煮沸，
煮至抄手浮起，捞起沥干水，盛入放
有菠菜的碗内，加入剩下的调味汁拌
匀即成。

·营养贴士· 本菜具有滋阴润燥、益生津、
消渴、养心益肾等功效。

·操作要领· 猪肉馅调好味后，要用筷子
顺一个方向打至起胶，做
成的肉馅才会爽滑鲜浓。

酸辣**面**

主料 宽面条 250 克，猪瘦肉 160 克，酸菜 50 克

配料 青椒 2 个，花椒、浓汤宝、植物油、白醋、辣椒油、精盐、蒜茸各适量

·操作步骤·

① 青椒去蒂和籽，切成条；猪瘦肉洗净，切成细丝。

② 锅内放植物油烧热，放花椒用小火炒香捞起，再爆香蒜茸，放入瘦猪肉丝炒散至肉色变白。

③ 倒入青椒和酸菜，翻炒均匀，注入 750 克清水以大火煮沸，倒入浓汤宝搅散，用小火慢煮 10 分钟，加入白醋、辣椒油和少许精盐调匀，做成酸辣汤。

④ 另烧开一锅水，加入精盐，放入面条打散煮至沸腾，浇入 250 克清水，再次沸腾后将面条捞出过冷水，倒入酸辣汤中搅匀煮沸，便可起锅。

·营养贴士· 此面具有促消化、解毒、补血等功效。

担担**面**

主料 担担面 350 克，宜宾碎米芽菜 70 克，肉末 100 克

配料 生抽、鸡精、精盐、蒜末、辣椒油、葱花、花椒油、植物油、糖、醋、花椒各适量

·操作步骤·

① 炒锅洗干净，倒植物油烧热，加入肉末炒，一直煸炒至水汽全部蒸发，肉末稍微炸干、炸脆，加入一小把花椒炒香，加入适量的宜宾碎米芽菜翻炒片刻。

② 炒好肉末的锅可以直接加水煮面，面煮好后捞出，控干水分放入碗里。

③ 将所有调味料混合均匀，调成调味汁，浇入面中，放入剩下的碎米芽菜肉末，拌匀即可。

·营养贴士· 此面具有温中、止泻、止痛、消食积、解毒、补血、改善血液循环、延缓衰老、抗氧化等功效。

甜水面

主料 面粉 1000 克

配料 复制红酱油 200 克，红油辣椒 150 克，芝麻油、精盐、蒜、鸡精、芝麻酱、黄豆粉各适量，熟菜油少许

·操作步骤·

① 面粉加清水、精盐揉匀后用湿布盖住，醒约 30 分钟，揉成团；蒜拍扁切碎。

② 案板上抹熟菜油少许，将面团擀成 0.5 厘米厚的面皮，切成 0.5 厘米宽的条，撒上少许面粉。

③ 水烧开后将面条两头扯一下，入开水，煮熟后捞出略凉，撒上少许熟菜油抖散。

④ 将复制红酱油、芝麻酱、黄豆粉、鸡精、芝麻油、红油辣椒、蒜碎拌匀做成调料，淋在面条上即可。

·营养贴士· 芝麻油具有改善血液循环、延缓衰老、抗氧化等功效。

·操作要领· 和面时加少许精盐，可使面条软硬适度。

挑选与储存 ❯

新大米色泽呈透明玉色状，陈米表面呈灰粉状或存在白道沟纹，未熟大米米粒会呈青色。

性味 ❯ 性平，味甘。

大米

营养成分 ❯

大米含有丰富的糖类、蛋白质、B 族维生素以及磷、铁、钙等微量元素。

食疗功效

1.大米是提供 B 族维生素的主要来源，是预防脚气病、消除口腔炎症的重要食疗资源。

2.大米中特有的成分谷维素，被称为"美容素"，能减低黑色素细胞活性，抑制黑色素的形成、运转和扩散，缓解色素沉着，淡化蝴蝶斑，静白肤色。

3.大米具有补中益气、健脾养胃、益精强志、和五脏、通血脉、聪耳明目、止烦、止渴、止泻的功效。

适宜人群

一般人群均可食用，尤其适合患有体虚、高热、病后调养等症之人和婴幼儿、老年人等，消化能力弱的人可以将大米煮稀粥食用。由于大米中含有淀粉，食用后消化吸收快，血糖容易升高，所以糖尿病患者不宜多食。

牛肉石锅饭

主 料 大米、卤牛肉、丝瓜、西红柿各
适量

配 料 辣酱、植物油各适量

·操作步骤·

① 大米淘洗干净，上蒸锅蒸熟；卤牛肉、
丝瓜、西红柿切片，丝瓜用热水焯一下。

② 石锅底层刷一层植物油，然后在里面
装上一碗米饭，在饭上铺上牛肉、丝瓜、
西红柿后放在火上加热，直到听到"滋
滋"的声音后关火。

③ 吃的时候，放一点辣酱在菜上，将饭、
辣酱、菜搅拌均匀即可。

·营养贴士· 牛肉含有丰富的蛋白质，氨
基酸的组成比猪肉更接近人
体需要，能提高机体抗病能
力，对手术后、病后调养的
人在补充失血和修复组织等方
面特别适宜。

·操作要领· 在石锅底部刷一层油是为了
使米饭不粘锅。

麻婆茄子饭

主 料 茄子、猪肉馅、米饭各适量

配 料 葱、姜、蒜、花椒、生抽、郫县豆瓣酱、剁椒、花雕酒、植物油、精盐各适量，芝麻油、水淀粉、白糖各少许

·操作步骤·

① 茄子切条；葱部分切末、部分切花，姜、蒜切末。

② 锅内热植物油，放入茄子炸制，茄子变得稍软时捞出，沥去油。

③ 锅内热少许植物油，加入葱末、姜末、蒜末爆香，加入猪肉馅略翻炒，加入适量郫县豆瓣酱、剁椒炒匀，加入适量花雕酒、少许生抽、白糖、精盐和适量水；煮开，加入炸好的茄子，翻匀后略煮片刻，加入少许水淀粉勾芡。

④ 取一个干净的小锅，加入少许芝麻油烧热，加入花椒爆香后关火；碗内盛入米饭，铺上茄子肉末，将少许花椒芝麻油淋在表面，撒上葱花，吃时拌匀即可。

·营养贴士· 此饭具有清热止血、消肿止痛、润燥等功效。

·操作要领· 茄子不炸，直接炖煮也可，只是炸过的口感更软糯些。

玉米

挑选与储存

　　嫩玉米粒没有塌陷,饱满有光,用指甲轻轻掐,能够溅出水;如果是老的玉米,会干瘪塌陷,中间是空的。

性味 　性平,味甘,无毒。

营养成分

　　玉米富含糖类、膳食纤维、脂肪、B族维生素、维生素C、维生素E等营养元素,还含有硒、镁、谷胱甘肽、胡萝卜素、玉米黄质、类黄酮等成分。玉米中的脂肪多为不饱和脂肪酸,大部分是亚油酸。

食疗功效

　　1.玉米含有类黄酮,对视网膜、黄斑有一定作用,所以多吃玉米有明目作用。

　　2.玉米中的不饱和脂肪酸,尤其是亚油酸的含量高达60%以上,它和玉米胚芽中的维生素E协同作用,可降低血液胆固醇浓度,并防止其沉积于血管壁。因此,玉米对冠心病、动脉粥样硬化、高脂血症及高血压等都有一定的预防和治疗作用。

适宜人群

　　一般人群均可食用,尤其适合脾胃气虚、气血不足、营养不良、动脉硬化、高血压、心血管疾病、肥胖症以及便秘等患者食用。

辣味椒麻玉米笋

主 料 玉米笋罐头 1 罐

配 料 植物油、盐、辣椒油、花椒、葱花、
姜末、酱油、料酒、香醋、白糖各
适量

·操作步骤·

① 将玉米笋罐头打开，滗干水，把玉米笋
取出摆入盘中备用。

② 锅内放入植物油和花椒、葱花、姜末，
炸出香味，制成花椒油。

③ 取一干净容器，倒入少许香醋、盐、料酒、
酱油、白糖、辣椒油和制成的花椒油，
混合均匀调成料汁，浇到玉米笋上即可。

·营养贴士· 玉米笋含有丰富的维生素、
蛋白质、矿物质，营养丰富。

·操作要领· 为了能尽可能炸出花椒香
味，要把花椒放到油锅里
"煮"一下。

144

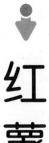

红薯

挑选与储存〉

　　要选择外表干净、光滑的红薯，发芽、表面不平整、有疤痕的最好不要买。

性味〉性平，味甘，无毒。

营养成分〉

　　红薯富含糖类，钾、铁、铜、硒、钙等微量元素，胡萝卜素、B族维生素、维生素C以及维生素E等营养元素，而且红薯中还含有蛋白质、油脂、纤维素、果胶等营养元素。

食疗功效

　　1.红薯富含钾、β—胡萝卜素、叶酸、维生素C和维生素B_6，这五种成分均有助于预防心血管疾病。

　　2.常吃红薯有助于维持人体的正常叶酸水平，体内叶酸含量过低会增加得癌症的风险。

　　3.红薯是低脂肪、低热能的食物，同时能有效地阻止糖类变为脂肪，有利于减肥健美、防止亚健康和通便排毒。

适宜人群

　　一般人群均可食用，但腹泻患者和糖尿病患者不宜食用。

酸辣**粉**

主 料 红薯粉丝 140 克

配 料 豆腐 1 块，食盐、味精、蒜、香油、白砂糖、油麦菜、陈醋、黄豆酱、辣椒红油、葱花、植物油各适量

·操作步骤·

① 锅中倒植物油烧热，放入豆腐块炸至两面金黄后捞出控油，晾凉后切成小块；油麦菜洗净焯熟；蒜去皮，捣成蒜泥。

② 用开水把红薯粉丝煮至九成熟，捞出沥水，放入香油搅拌松弛，以免粘在一起。

③ 将红薯粉丝、油麦菜、蒜泥倒入一个大盆中，调入陈醋、黄豆酱、食盐、白砂糖、味精、辣椒红油，搅拌均匀，撒上葱花即可。

·营养贴士· 红薯含有丰富的淀粉、维生素、纤维素等人体必需的营养成分，还含有丰富的镁、磷、钙等矿物元素和亚油酸等。

·操作要领· 蒜泥可用压蒜器压制而成。

魔芋

挑选与储存 〉

生魔芋是否好坏，要看是否饱满圆粗，凹陷、扁平的不是好魔芋；切开魔芋，断面一般会有黏液，干燥的不是好魔芋。因为魔芋需要经过加工才可以食用，所以如果想要购买加工好的魔芋，在挑选时一定要看清包装上的标示，如果取出魔芋以后能够闻到腥味，说明加工不是很彻底，这种魔芋最好不要食用，要选购腥味少的魔芋。

性味 〉性寒，味辛，有毒。

营养成分 〉

魔芋富含蛋白质，而且还含有多种维生素以及钙、钾、磷、硒等微量元素，并且它还含有一种独特的营养成分——葡甘露聚糖。

食疗功效

1.魔芋内的黏蛋白能够减少体内胆固醇的含量，可以预防动脉硬化，防治心脑血管疾病。

2.魔芋中的葡甘露聚糖会吸水膨胀，食用后产生饱腹感，且魔芋是低热食品，有利于控制体重。

3.魔芋是碱性食品，可以中和酸性，使人体内的血液呈弱碱性，更有利于降低血脂，软化血管。

适宜人群

一般人群均可食用，尤其适合糖尿病患者与肥胖者。

麻辣魔芋

主料 魔芋 1 盒

配料 青、红椒各 1 个，盐、酱油、花椒、辣椒面、植物油、白糖各适量

·操作步骤·

① 魔芋用清水冲洗干净，或者按照包装要求进行焯烫，沥干水分；青、红椒洗净去蒂切丝。

② 锅中加热少许植物油，爆香花椒，然后倒入魔芋，翻炒几下，加入少许盐入味，再加入适量酱油、辣椒面和白糖，翻炒均匀。

③ 倒入青、红椒丝，拌匀后加入小半碗水，大火收干汤汁后即可。

·营养贴士· 魔芋的主要功效可以归结为：排毒、减肥、通便、洁胃、疾病防治、平衡盐分、补充钙等。

泡椒魔芋

主料 魔芋 250 克

配料 植物油 20 克，泡椒 50 克，红辣椒 15 克，葱花 10 克，淀粉 10 克，辣椒油 5 克，胡椒粉、精盐、鸡精各 3 克，肉汤适量

·操作步骤·

① 魔芋切成块，用沸水焯一下；红辣椒切圈备用；泡椒切碎备用。

② 坐锅点火倒植物油，油热后放入红辣椒圈、泡椒碎爆香，放入魔芋翻炒，加肉汤、精盐、胡椒粉、淀粉、鸡精炒熟出锅，淋上辣椒油，撒上葱花即可。

·营养贴士· 此菜具有降糖、防治高血压的功效。

凉粉

挑选与储存 〉

颜色呈白色或蛋清色，有光泽。组织状态是薄而均匀、完整不碎、有弹性、不粘连、不黏手、无杂质。具有该品种应有的正常气味，无其他任何异味。

性味 〉 性凉，味甘。

营养成分 〉

由绿豆淀粉制作而成的凉粉含有丰富的糖类、蛋白质、B族维生素、胡萝卜素、叶酸以及钙、磷、铁等微量元素，还含有磷脂、多糖等营养成分。

食疗功效

凉粉由绿豆淀粉制作而成，主要含有糖类、蛋白质等营养成分。

1. 绿豆中的多糖成分能增强血清脂蛋白酶的活性，使脂蛋白中甘油三酯水解达到降血脂的疗效，从而可以防治冠心病、心绞痛。

2. 绿豆含丰富的胰蛋白酶抑制剂，可以保护肝脏，减少蛋白分解，从而保护肾脏。

3. 绿豆对葡萄球菌以及某些病毒有抑制作用，能清热解毒。

4. 绿豆中所含的蛋白质、磷脂均有兴奋神经、增进食欲的功能，是机体许多重要脏器增加营养所必需的营养物质。

适宜人群

一般人群均可食用，尤其适合肥胖症、糖尿病、心血管疾病等患者食用，但由于凉粉性凉，所以胃寒体虚的人不宜食用。

芝麻拌凉粉

[主 料] 绿豆凉粉 300 克

[配 料] 黄瓜 100 克，豆豉酱 30 克，食盐、醋、辣椒油、蒜末、白芝麻各适量

·操作步骤·

① 绿豆凉粉切成长条泡在水中；黄瓜洗净切成丝，摆入盘中。

② 取一小碗，加入食盐、豆豉酱、醋、辣椒油、蒜末、白芝麻搅拌成汁。

③ 将凉粉捞出和黄瓜丝放入碗中，调好的汁浇在凉粉上即可食用。

[营养贴士] 绿豆凉粉中含丰富的胰蛋白酶抑制剂，可以减少蛋白分解，从而保护肝脏和肾脏。

[操作要领] 凉粉切完后要泡在水中，否则会粘连在一起。

腰果

挑选与储存

优质腰果的果仁饱满，整体看来颗粒均匀、整洁，如果有黑斑则为劣质腰果。

性味 性平，味甘。

营养成分

腰果富含脂肪、蛋白质和糖类，还含有维生素A、B族维生素和锰、铬、镁、硒等微量元素。腰果的脂肪多为不饱和脂肪酸，同时腰果中还含有丰富的蛋白酶抑制剂。

食疗功效

1. 腰果的脂肪多为不饱和脂肪酸，所以不易使人发胖，能够有效预防高血脂、冠心病、动脉粥样硬化等症。

2. 腰果具有促进胃液分泌的功效，可以增进食欲。

3. 腰果中含有维生素 B_1，能够补充体力，消除疲劳。

4. 腰果中含有的维生素 A 能够使皮肤变得更有光泽，使人气色更好。

适宜人群

一般人群均可食用，但肠炎、腹泻、胆功能不良等患者不宜食用。

怪味**腰果**

主 料▶ 腰果 300 克

配 料▶ 白糖 100 克，辣椒粉 10 克，花椒粉、
五香粉各 5 克，盐 3 克，味精 2 克

·操作步骤·

① 腰果放温油锅中炸熟，用漏勺捞出冷却。

② 净锅中加入白糖及少量水，熬至黏稠时，
加入辣椒粉、花椒粉、五香粉、盐、味
精搅拌均匀。

③ 把腰果倒入锅中，裹上调料，出锅冷却
即可。

·营养贴士· 腰果含有丰富的油脂，可以
润肠通便、润肤美容、延缓
衰老。

·操作要领· 给腰果裹调料时，均匀一些
更美味。